李 刚◎著

寻味集

XUN
WEI
JI

中国轻工业出版社

图书在版编目（CIP）数据

寻味集 / 李刚著. -- 北京：中国轻工业出版社，2025.6. -- ISBN 978-7-5184-5472-3

Ⅰ . TS972.117-53

中国国家版本馆CIP数据核字第2025H89J23号

责任编辑：方　晓

策划编辑：史祖福　方　晓　　责任终审：高惠京　　　整体设计：锋尚设计
排版制作：辰轩文化　　　责任校对：朱　慧　朱燕春　责任监印：张京华

出版发行：中国轻工业出版社（北京鲁谷东街5号，邮编：100040）

印　　刷：三河市万龙印装有限公司

经　　销：各地新华书店

版　　次：2025年6月第1版第1次印刷

开　　本：880×1230　1/32　印张：6.75

字　　数：210千字

书　　号：ISBN 978-7-5184-5472-3　定价：49.80元

邮购电话：010-85119873

发行电话：010-85119832　010-85119912

网　　址：http://www.chlip.com.cn

Email：club@chlip.com.cn

版权所有　侵权必究

如发现图书残缺请与我社邮购联系调换

232390K9X101ZBW

生意胸前日影中　趣味自如思一艺今日先意欲似报连朝换水时

养水仙须每日日换水令日一齐花放

李刚吾兄正之　邓云乡

李刚同学留念

锲而不舍

丁卯北京赴会前夕
书于扬州 大可

序

中国烹饪早已走向世界，是不必费时讨论的话题。如不信，请看遍及世界各个角落的中餐馆，就是有力的证明。百年前，孙中山在《建国方略》里，第一章就谈中国饮食，认为"我中国近代文明进化，事事皆落人之后，惟饮食一道之进步，至今尚为文明各国所不及。"革命先行者在西方游历，亲眼看见中餐馆在异国落地生根，比较中西文化优劣，故有此自豪且苦涩的认识。

人要吃饭，然后才能从事历史文化、科学技术等方面的学习研究，这是历史唯物主义的基本观点。中国改革开放的初步目标，是解决亿万人口的吃饱饭问题。但是，把饮食、烹饪当成大学教育和文化、艺术来研究，却是很晚的事。李刚的书要出版，嘱我作序，我读过他的书稿，有好几天在回忆我们共事的岁月，以及中国烹饪研究在我国肇端、逐渐发展的过程。

20世纪80年代初，商业部创办了一份叫作《中国烹饪》的杂志，先是季刊，后改为双月刊、月刊。在中国出版界，这是一份独具特色的杂志。据当年的报道，中国向外国出口的杂志，除了《考古》《武林》，就是《中国烹饪》。中文杂志向外输出的数量证明，外国读者愿意通过杂志了解有鲜明中国特色的历史文化和技能。在计划经济时代，商业部主管全国饮食服务行业，办这样一份杂志，使得饮食行业的职工感到惊奇和惊喜，同时加深了对本行业的认识。因为，按中国传统，饮食行业是作坊式的、师傅带徒弟的传授方式，哪里知道烹饪"是文化，是艺术"？《中国烹饪》的创刊，提高了烹饪的行业地位。同时，随着国家开放的进一步扩大，烹饪教育也提上议事日程。

商业部批准在江苏商业专科学校设立烹饪专业，破天荒地在中国开始烹饪大学教育。我曾经将商业部所发文件改写成消息，刊发在《光明日报》，作为一个新生事物向外界报道，引起国内外关注。

李刚就是我国早期烹饪专业大学生中的一员。

几年后，江苏商业专科学校（今扬州大学）选送早期烹饪专业的几位优秀毕业生来商业部工作，有三位加入《中国烹饪》的编辑队伍，李刚是其中之一。这样，我们就成了同事，在复兴门内45号和报国寺一起工作了几年。1987年，我和李刚还一起出差天津，与天津的同志共同编辑《中国烹饪·天津专号》。

在考上江苏商业专科学校前，李刚已在一所中专毕业，分配到当地的饭店工作。他的文化基础扎实，加上好学深思，是懂技术、有理论、文字功夫也不错的全才。在共事期间，我有不懂的问题，就向他请教，不敢不懂装懂。有一次闲谈，我说中国烹饪主要是经验型的，我亲眼看见，有些厨师炒好一勺菜后，快要装盘时，还要用勺子撇一点汤水尝尝。李刚告诉我："厨师老在操作间，成天闻菜的味，嗅觉会迟钝，故要尝尝味道是否到位。"他的这个回答让我印象深刻。

几年后，我离开《中国烹饪》，李刚也被调到中国烹饪协会工作。在协会，他还是编杂志，四处采访，编辑协会的工作动态，始终没有离开本行。由于工作关系，他参加过不少国际性的烹饪大赛，以中外厨师的技术竞赛、评判标准和中西饮食的特点为主题，采写了一批报道，是中国高端烹饪走出去的一线消息。收入本书的"寻味篇"，就是这类文章的选辑。李刚还采访过几位名厨和烹饪研究者，聚焦几大菜系和名厨的绝活，他的深入报道，都是专业性强又通俗易懂、雅俗共赏的好文章。由于既有专业训练又有国际眼光，他对盐城湿地美食走向世界的政策建议,对乡土菜的研究是权威的、有学术价值的。读他的书稿,是老同事、老朋友给我的难得的学习机会。

李刚的这部书是综合性的、有关中国烹饪的论稿。他把多年写的文章汇集成一册,也是一次对人生道路的回顾,是对自己所从事的事业的一个总结。凡是从事烹饪行业的读者,或对烹饪有兴趣的社会人士,都能从内容充实、体裁多样的文章中获得新的知识,从他不经意谈到的观点中受到启发。比如,他提出"精料粗做,粗粮细做"就是符合中国烹饪讲求"本味"和"食不厌精"原则的。"精料粗做"是要尽量保存优质原料的本味,不要让调味品破坏原料本有的"鲜"。记得袁枚在《随园食单》里就说过:"有味使之出,无味使之入。"李刚的观点,庶几近之。

改革开放四十多年,中国人解决了吃饱的问题后,就开始解决吃好的问题。在图书市场上,烹饪类的书刊出版很多,自称"美食家"或"吃货"的男女遍及海内外,有的名人还以好吃、会吃为标榜。我读过这方面的少数书刊,发现其商业味、市井味太浓,一本印刷精美的书刊,无非几盘拍摄精美的菜肴图片,并没有值得咀嚼的内容,更谈不上有什么好文章。李刚的这部书,有几篇就是优秀的散文,是有趣、耐读的。《烧羊肉,父亲的拿手菜》,表面是回忆他家里宰羊吃烧羊肉的故事,实质是对父亲的感恩,是有潜在的深厚感情流动的美文。他对儿时的家里父亲宰羊有那么鲜明、细致的记忆,我读起来很有兴趣。他说:家里买一只三十来斤的山羊,请人骟过后再养一月余,喂些精饲料,就可以宰了。父亲告诉他,杀羊要稳准狠,一刀下去,就要刺破气管,千万不能刺破食管,食管破了,羊胃中的食物倒流,一盆羊血就完了。中国苏北一个家庭吃羊肉的故事,在李刚笔下温馨生动,让人一读难忘。

时间流逝，我和李刚都退休了。商业部共同工作的老同事，有的去世，有的久无联系。凡是保持联系的，当年年轻的同事，也都退休或正要退休。前几天，原在《中国烹饪》编辑部一起工作，后到中通社香港分社工作的王佳斌发来一张图片，是他荣退时，香港特首为表彰他在港的工作成绩，专门会见他的照片。几位老同事都已退休，正在谋划新的生活：李刚用一部新结集的书稿作为新的起点，尤其让人高兴！我经常说，对生命、人生的意义，古今中外的哲人说了那么多，现在还有人探讨。我是山西人，那里以盛产煤炭出名，愿意以一块煤比喻生命的意义：生命就像一块煤，好不容易从地壳深处挖出来，点着后就要燃烧，在光和热中把自己耗尽，然后再变成灰烬。

读完李刚的书稿，我写了上边的拉拉杂杂的话，一是记下我的读后感；二是记下我们的同事之谊；三是向读者推荐这部别具一格的烹饪文化方面的新书，希望读者像我一样喜欢。

是为序。

衡建民

国务院发展研究中心编审

目录

知味篇

王义均：大师谈鲁菜　002

邱庞同：谈饮食文化　006

陶文台：瘦西湖畔勤笔耕　012

王义民：沪上厨艺界的"王老师"　016

海阔天高任飞翔——五位上海厨师展厨艺　022

异彩纷呈——中外名厨联谊会　028

王海威的八珍情结　033

苏建国：刀下生花　036

王馥荔："天下第一嫂"谈吃　040

陈洛平：重彩演绎和合之妙　044

寻味篇

从西岸到东岸——加拿大饮食札记 050

边走边吃：98EXPOGAST世界杯烹饪大赛 061

2007博古斯世界烹饪金奖大赛：24国神厨里昂打擂 068

北京人到纽约：中国饮食文化大交流 075

品味法式大餐：一次带有浓郁东方色彩的晚宴 082

品闽味 086

古运河畔"老店"新张 089

丝绸古道访新味 092

北京大都市的田园牧歌 096

烧羊肉，父亲的拿手菜 100

难忘家乡年夜饭 104

花乡村宴 107

流蜜的洋槐花 111

又食棕榈 115

沧海一贝——蛏 117

采菊入馔 119

趣味篇

我的两位师傅　124
吃吃喝喝六十年　127
微笑服务　129
易变的风味　131
虎年吉祥　134
低碳：有我一份　136
感受世博　感受美味　139
招幌：吊起你的胃口　142
中国现代化进程与乡土菜流变　145
餐饮经营中的原料采购与时令节气　158

回味篇

中国饮食文化中的"野味"界定和管控　166
中国就餐形式演变与分餐制的强力推广　172
中国烹饪技艺30年的传承与发展　179
群策群力，让盐城湿地美食走向世界　190

后记

知味篇

王义均：大师谈鲁菜

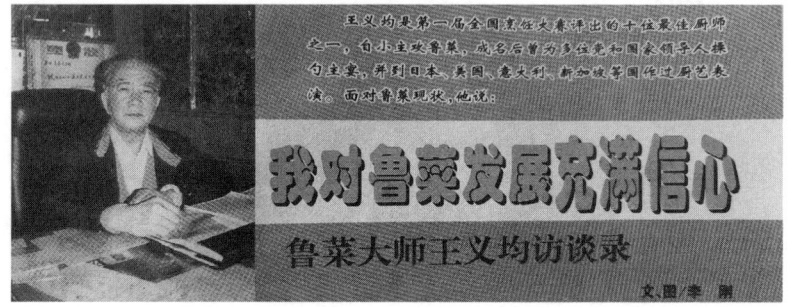

鲁菜大师王义均

王义均大师是第一届全国烹饪大赛评出的十位最佳厨师之一，自小主攻鲁菜，成名后曾为多位党和国家领导人操勺主宴，应邀到日本、美国、意大利、新加坡等国家进行厨艺表演。面对鲁菜现状，他说："我对鲁菜发展充满信心。"

李刚：您从小学厨至今，风风雨雨几十年了，您是如何与鲁菜结下了不解之缘的？

王义均：这从何说起呢？我12岁来北京，那是在1943年，日本人还没有投降。我先在致美楼干了一年，后来我的姨父介绍我到丰泽园。这儿的老板是栾鲤庭，外号栾蒲包。开始的时候，老板让我干什么呢——蹭勺。师傅们炒完菜，勺一甩，我就用刷把将勺中的卤汁蹭到碗里，将勺蹭亮。每顿饭结束，总能积下几大碗卤汁，这样一干就是三年。这三年里，各位师傅们炒的各种菜的口味，我都尝遍了，我对鲁菜口味的了解，就是这么获得的。

三年后，师傅们看我挺勤快，就让我上案了，负责料切（即切配料），我的师傅有孙懋峰、朱家德、王世珍、牟常勋等几位，其中牟常勋是我的磕头师傅。那时候，整猪、整鸡、整鸭都得厨师自己处理，分档取料要求下刀准确，干净利落。做砂锅散丹、烩乌鱼蛋等菜时，都要求吊汤，这些都是牟师傅、王师傅们的拿手活，从他们身上，我学到了比较全面、系统的鲁菜技术。

李刚：现在许多业内外人士都在谈振兴鲁菜，为什么？和几十年前的鲁菜相比，鲁菜的水准是进步了，还是倒退了？

王义均：有不少人出于关心、热爱鲁菜，提出了"振兴鲁菜"的口号，我倒觉得，鲁菜的生命力还很强，市场还非常广阔，"振兴"一词给人们的印象仿佛是快要不行了，我不这么看。至于说到鲁菜目前的水准，和几十年前相比，我觉得是进步了，大大地进步了。北京别的鲁菜馆子我吃的不多，就拿北京丰泽园来说，如今正常供应的菜品，和几十年前的鲁菜相比，无论是色、香、味、形，还是菜品的原料、品质、加工精细程度，都不可同日而语。

例如，丰泽园饭店过去供应的名菜"四喜丸子"，一桌一大海碗四个，上桌后两人一只，筷子一捅，乱七八糟。现在，丰泽园将此菜革新了一下，丸子做小一点，一人一只，盛在小紫砂锅中。过去肉丸是纯肉的，有点腻，现在我们在其中加了胡萝卜、荸荠、海白菜等素料，这样一来，营养全、口感好、食用方便，每份只收3元钱，很受食客喜爱。你看，菜还是这个菜，料基本还是这个料，但手法一变，结果就不大一样。再如"糟熘鱼片"，老的做法是将鱼肉取下，挂糊炸熘一下，倒在盘中就这样上桌了，鱼的头、尾就弃之不要了。现在，我们做这道菜时，先将鱼的头、尾在油里一氽，再煮一煮，放入调料，放入腰盘中，中间放糟熘鱼片，这样成一整鱼，既美观，又不浪费，而且在口味上也更加丰富了。

总而言之，过去的东西要继承，鲁菜基本的风味不能变，不然那就不叫鲁菜馆子了。但又不能全盘照搬过去的那套，曾有食客对我说："鲁菜我吃不惯，总是黏糊糊、黑乎乎、油乎乎。"意思是说鲁菜带芡的多，带色的多，油大。要改变人们对鲁菜的印象，就得靠我们自己的努力，去改变手法、改变品种，要有应变能力才行。

李刚：现在有些年轻人在初学厨时，就打定主意，要学粤菜，以为将来收入高、好找活，您是怎么看这个问题的？您觉得长此以往是否会影响鲁菜的人才培养？

王义均：对年轻人来说，无论是学鲁菜，还是学粤菜，只要真正学好了，将来都有机会。做粤菜的厨师价码高，也是近几年抬起来的，有的粤厨在当地月薪最多也就拿2000元左右，出去后敢要1万元。前不久，北京有个老板让我推荐几名鲁菜厨师，我给他推荐了几位，手艺都不错，价码开在月薪4000~5000元，老板满意，厨师本人也满意，后来买卖好了，老板还给加薪。当然同是做鲁菜的，收入差别也很大，除了看技术，还得看人品。有的厨师，技术虽然不错，但工作态度不认真，自己的位置也没摆正，上了场，不是想方设法地捞钱、捞好处，就是工作起来吊儿郎当，大肆浪费，老板遇到这样的厨师也没脾气，只有让他走人。

李刚：您觉得作为鲁菜的经营者，在管理上应该注意什么？您觉得鲁菜的发展前景如何？

王义均：我觉得既然挂出了鲁菜的牌子，在经营中，首先，菜肴的质量要保证，鲁菜的风味特色要突出；其次，菜肴的定价要合理，要有高有低，口味能够满足不同人群的消费需求，在充分做好市场调查的前提下，能够针对市场状况，适时变换菜肴的品种，做到有的放矢，餐厅服务水平要跟上，对本店经营的品种，服务人员要心中有数，对不知吃什么好的顾客来说，要多介绍本店的特色菜，不能光知道什么贵就介绍什么。

我看如今的餐饮市场，也同服装的流行色一样，几年一轮回，你方唱罢我登场，去年还是粤菜风味独领风骚，今年就已是上海菜走俏，前两年北京的大街小巷都卖红焖羊肉，今年羊肉不吃了，大家都大啖鱼头了。整个中国北方一带居民，无论是口感，还是生活习惯，早已习惯了吃鲁菜，喜欢吃鲁菜，这是千百年来鲁菜饮食文化普及的结果，不是一朝一夕能改变的，鲁菜的发展远没有走到尽头，我对鲁菜的发展充满信心。

——原载于 2000 年 6 月《中国烹饪》杂志

邱庞同：谈饮食文化

邱庞同先生是扬州大学商学院烹饪系副教授，是国内整理饮食古籍及研究饮食文化史的知名学者之一。最近，本刊记者采访了他。

李刚：邱先生，听说您以前是学中文的，不知后来怎么从事烹饪教育和饮食文化研究了？

邱庞同：是的，我原先是北京师范大学中文系的学生。毕业后，曾从事过中学教育和新闻采编工作。后来从事烹饪教育及饮食文化史的研究，带有一定的偶然性。1975年，我从外地调回故乡，在江苏商业专科学校工作。当时，该校办了烹饪专业，正缺人，所以就要我担任烹饪班的班主任。在1975年下半年至1976年年底这段时间，我曾先后带学生到无锡、苏州、南京、泰州等地"开门办学"，从而熟悉了饮食业，对江苏菜点的风味特色有了较多的了解。1978年，学校又派我和陶文台同志一道赴京查阅饮食史料。在北京图书馆、首都图书馆、北大图书馆、北京师范大学图书馆查阅的一个多月中，我读到了许多珍贵的饮食古籍，觉得中国的饮食烹饪具有深厚的文化内涵，是值得认真挖掘、研究的。在京期间，我还回母校拜望了郭预衡、启功、许嘉璐等先生，他们均认为饮食烹饪极值得从文化的角度去研究，这也增强了我的信心。后来，我也就从整理饮食古籍入手，进而开始了对饮食文化史的研究。所以说，我从事饮食烹饪的教育和研究开始确实是带有偶然性的。

李刚：现在回过头来看，这偶然之中是否又带有某种必然呢？

笔者与邱庞同先生合影

邱庞同：应当说，有某种必然性。由于众所周知的原因，在1976年以前，我国从事饮食烹饪研究的人是极罕见的。就一般情况而论，广大厨师由于文化水平的限制，加之工作繁忙，不可能去研究饮食烹饪的历史或理论问题，而文史工作者，由于隔行，或以为其中无大学问，也不可能去研究。粉碎"四人帮"之后，随着科学、文化春天的到来，随着人们生活水平的提高，对"吃"的研究自然被提到议事日程上来了。在这种背景下,像我这样的人(当然不一定是我这一个具体的人)投入饮食烹饪的研究也就是顺理成章的了。近十年来,改行从事饮食文化、烹饪史、烹饪科学研究的人越来越多,也是"形势使然"。

顺便说几句,衣、食、住、行是与人生密切相关的四件大事。研究衣料的,是纺织专家;设计房屋的,是建筑专家;设计汽车、火车、轮胎、飞机的,更是了不起的专家。那么研究"吃"的人呢?至少从道理上讲不比前三类专家低吧!试看日本的青少年,其身高、体质与数十年前大不相同了,究其原因,大约不是衣、住、行的结果,而恰恰主要是"食"的促成。由此可见,食文化、食科学的研究是何等的重要,又是如何地需要一大批有志的青年学子投入这种研究的行列中来。

李刚:这十多年来,您出版了十多部著作、饮食古籍注释本,参加了《中国烹饪辞典》《中国烹饪百科全书》的编写工作,发表了上百篇论文、文章,不知有何体会?

邱庞同:体会不少,主要有下面几点。其一,做学问很苦。范文澜先生论治学时说过"板凳要坐十年冷,文章不写一句空"的话。这种境界,我远未达到,但心向往之。实际上,十多年来,我看过的电影不超过五部,交谊舞亦尚未学会,麻将亦未碰过,主要的娱乐,就是下围棋。其余时间,大抵用在看书、写作上了。尽管如此,仍觉得时间不够用,仍觉得自身学识之浅,对不少饮食文化的重要问题,如佛教与饮食,就几乎尚未入门。其二,做学问得严谨。稍不留意,就可能出错。如我在《古代名菜点大观》一书中注释"天花包子"时,就把"天花"注成了中药"天花粉"。实际上,这"天花"应是"天花菌",一种食用菌。当《古代名菜点大观》出版之时,我已知注错,但悔之晚矣。总之,搞学问得"知之为知之,不知为不知",决不能"想当然"。想必饮食烹饪界的一些友人与我也是有同感的。

其三,做学问要勇于争鸣。熟悉情况的同志会知道,我在《调鼎集》作者、春卷起源问题上曾和两位友人争鸣过。我以为,只要心平气和,摆事实,讲道理,就能推动学术研究的深入。这是一件好事。

李刚:您对自己著作最满意的是哪些?

邱庞同:最满意的较难说,这要看读者和学术界的反应。比较而言,我对自己撰写的《古烹饪漫谈》《中国烹饪古籍概述》《中国面点史》这三本更满意一些。《古烹饪漫谈》是我正式出版的第一本书,我对它有一种特殊的感情。《中国烹饪古籍概述》搜罗的古籍较多,并试图对烹饪古籍作科学的分类,对烹饪专著的评析力求客观、准确,我对这部书的学术性还是较满意的。遗憾的是,由于种种原因,该书中误植的字稍多。《中国面点史》是我多年研究中国面点心血的结晶,是在对面点原料、面点品种、面点制作技艺、面点与风俗、面点著述等问题作了较全面探索之后方才写成的。这部书是作为"国家八五重点图书"之一出版的,对此,我当然由衷感到高兴。然而,此书能否名副其实,尚有待时间的检验、读者的评判。我没有如某些先生宣称自己的著作填补"××空白"的勇气,我仅想说,倘拙著能在中国面点史研究这个"空白"(假设有这空白)上涂抹了一笔的话,我也很满足了。因为我知道,中国的面食文化是那样的博大、精深……

论文方面也有几篇是自己较满意的。如对"餪饠"进行考证的文章,自己下了功夫,学术界反应也好。如范文澜先生的前助手朱瑞熙教授及饮食史家王子辉、赵荣光先生对拙文均有好评。又如对端午节食俗进行考述的文章,文中对端午吃粽子提出了新的见解,并获得学术界的好评。

此外，前几年还在新加坡《美食家》杂志发表论述中国面食、米食的长文，为宣传中华饮食文化尽了绵薄之力，就上就此而言，自己也是比较满意的。

还值得一提的是，前年在台湾的《吃在中国》杂志上也发表了数篇反映大陆美馔佳肴的文章，如扬州点心、镇江肴肉、常熟叫花鸡、无锡老烧鱼……作为海峡两岸民间食文化的交流，亦是有意义的。

李刚：您对今后的写作有何计划？

邱庞同：现在很难讲。因为诸多因素的影响，写作计划常常会落空，故还是少谈为好。但如果要写，也仍是离不开饮食文化。

李刚：您对中国饮食文化的研究有何展望？

邱庞同：这个问题较大，一两句话也讲不清。但有些问题还是可以谈一些想法的。

如关于什么是中国饮食文化？该如何定义？它与烹饪文化是何关系？这些问题尚未讨论清楚。有必要进一步展开争鸣，深入探讨。在短期内尽管未必能取得一致意见，但争鸣、探讨总是好事。

再如，前一时期的中国饮食文化的研究，虽然取得了不少成就，但是，研究者受诸多条件的限制，对之作中外对比研究的力作还较少，对中国饮食文化在亚洲乃至欧美的影响的研究，力作也不多。而日本、韩国甚至法国均有学者研究中国饮食文化的外传问题。因此，盼望有条件的学者能对这些问题作深入研究。

又如，以往的中国饮食文化研究，理论论述的多一些，联系实际似乎不够。今后，如何从实际出发进行研究，进而又指导实践应成为一个重要课题。比如饮食风俗，什么是良俗？什么是陋俗？对之作认真的研究、宣传，或许对饮食上的移风易俗也有好处。饮食礼仪的研究也是如此，假如与实际联系密切，对提高人们在饮食上的文明程度也是有好处的。

——原载于 1996 年 8 月《中国烹饪》杂志

陶文台：瘦西湖畔勤笔耕

经常阅读《中国烹饪》杂志，多少关心一点中国烹饪理论的读者、厨师，恐怕很少有不知道陶文台教授的，对于这位将自己的毕生精力都贡献给中国烹饪事业的学者，我们除了感佩就是敬重。去年年底，杂志社决定开设"烹饪文化名人访谈"栏目，为此，特派我赴扬州，和扬州大学商学院烹饪系的同志一道看望并采访了陶教授。

病中的陶教授显得有些虚弱，然而，谈锋依然犀利、爽朗，一个多小时的采访，他谈得最多的，不是自己所做的，而是自己想做而未做的一些事，一种巨大的无奈、遗憾深深地感染了我们。为了使我的这篇采访更真实、确切一些，临行时，我请他为我准备几份文字资料供我查询，他答应了。

不久，我收到了他的来信。

李刚同志：

　　你好！兹将你需要的部分文字资料复印寄上，请收。此资料仅供参考。

《中国烹饪》的厚爱使我有些惶恐，因为我并无值得宣传的不平凡的事迹，只是一名普通的人民教育工作者。也许是多年从事教育工作的关系，养成了一种习惯，一直勤于学习，不敢浪费时间。春蚕到死丝方尽，蜡炬成灰泪始干，一生不曾偷闲，大概是我这个人的特点。四十八个年头工作学习，只为国家和人民做了一点点应该做的事，谈不上什么贡献。所写文字，虽皆心血结成之学习心得，亦属平凡之事，未足称道也。

知味篇

  我一生敬重者是造福人类之人。人活在世上，总该做好事，留点好东西在身后，为社会创造一点财富，包括物质的和精神的财富，以求对得起祖先与后人，自己亦问心无愧。此愿便是我的追求，顺境中如此，逆境中亦如此。

  我重病缠身，已同疾病斗了两年多，今后还要斗下去。只是没有多少精力再做点应该做的工作了，未免有点遗憾。当然，同病魔作战，是当前的头等任务，我会好自为之的，请放心。

  祝事业有成！

陶文台
1996年1月12日

  这篇不长的文字，我读了一遍，又一遍，面对这位可敬的长者，我竟不知该如何完成我的这篇采访，我发现平常那些熟记的溢美之词，在他的面前，显得那样苍白无力，四十多年来，他为中国烹饪事业所作的贡献，又岂是一篇几千字的文章所能归纳？然而，无论如何，我得完成这份作业，尽管很可能是不及格的。

  陶教授是江苏灌云县人，1931年生，汉族，1948年参加工作，1960年毕业于南京师范学院。现任扬州大学商学院教授。

  陶教授写有多部专著，我们不妨先从他的《中国烹饪史略》谈起，此书曾获"全国优秀科技图书奖状"，《光明日报》和香港《大公报》均称此著"填补了我国文化史上的一项空白"。当时此书一出，便受到学术界的普遍关注。南京大学著名教授程千帆称此书"于中国文化史此一部门有开创之功"，陈瘦竹教授称"此书乃国内少见，可喜可贺"，南京师范大学唐圭璋教授说此书"对旅游事业也是很大贡献"。日本中国料理调理士会事务局长朝仓孝和说:"在日本,凡通中文的中餐厨师,没有人不知道《中国烹饪史略》一书。"日本、韩国的一些学术论著多引用此书,在德国、加拿大、美国等国也拥有一些读者。

他的另外一部专著《中国烹饪概论》也是大家所熟悉的。这是我国第一部将自然科学与社会科学结合,现代观念与传统文化结合,探索建立中国烹饪体系的理论著作,作为烹饪专业重点课程教材已在课堂上使用了多年。日本学者田中静一先生称"这是一部很有用的书"。此外,他的另外一些专著如《江苏名馔古今谈》《中国传统美食集锦》《中国古典文学与烹饪》《中国美食经》等也拥有广大的读者。他曾参与国务院古籍整理小组统一规划下的我国烹饪古籍整理工作,整理出版了《宋氏养生部》《饮食须知》《饮馔服食笺》等古籍。为文化部艺术研究院红楼梦研究所重点科研项目《红楼梦大辞典》撰写了"饮食部分"全部词条。陶教授是《中国烹调大全》一书的主要撰稿人之一、编委。该书曾获上海"霞飞杯"一等奖。他也是《中国烹饪辞典》副主编、《中国烹饪百科全书》编委兼历史分支副主编。还兼任国家旅游局工人技术考核委员会上海站和上海旅游高等专科学校客座教授。《中国饮食文库》和《中国食经》编委。

1979年,受商业部萧帆同志委托,陶教授参与筹创我国第一本全国性烹饪杂志——《中国烹饪》,1980年出版,经商业部党组批准任《中国烹饪》杂志编委至今。1982年,受上级委托,陶教授作为筹备组成员之一,参与江苏商业专科学校(今扬州大学商学院)中国烹饪系筹建工作,至1986年,我国第一届烹饪大学生毕业,圆满完成筹建任务。1987年,受江苏省商业厅和省烹饪协会领导张俊森委托,主持筹创《美食》杂志,任主编五年,该杂志已公开发行,在海内外有一定影响。现任《美食》杂志顾问。

陶文台教授长期在校内教授多门烹饪专业理论课程并积极参与国内外饮食文化交流活动。除了在北京、上海、福建、安徽、江苏等地讲学，还为美国、日本、加拿大、德国、新西兰、澳大利亚等许多国家来访学者和留学研修人员授课，受到广泛好评。撰写学术论文数十篇，有的论文被国内外多家报刊转载，有的还在国际、国内学术会议上宣读。1992年，陶教授作为中国烹饪代表团主要成员之一，访问日本讲学，被日本同行誉为"中国烹饪史权威"。

陶教授是中国烹饪协会理事、江苏省烹饪协会常务理事，还兼任扬州市烹饪协会、山西《烹调知识》杂志和《洛阳烹饪》杂志顾问。他是中国训诂学研究会会员、中国红楼梦学会会员，其"红楼梦"研究成果在国内许多城市得到推广，产生良好的社会效益和经济效益，在日本、新加坡也有良好的影响。

中国科学院自然科学史研究所研究员洪光住称"文台先生各项研究在国内外的影响越来越大，成果在国内属领先地位，在世界上为中国人也占据了首要席位"。世界中国烹饪联合会会长姜习称他"对中国烹饪文化深有研究，并结合中国实践写出了不少好文章，创办《美食》杂志，为同行所称道，并在学校教授烹饪文化，使江苏菜、淮扬菜后继有人，这些应当写入史册，写入校史"。

以上所列，可以说仅仅是陶教授业绩之冰山一角。我相信，所有爱护他、关心他的人都有一个共同的愿望：祝愿他早日恢复健康，能做他想做的一切，直到永远！

——原载于1996年4月《中国烹饪》杂志

王义民：沪上厨艺界的"王老师"

这些年来，我们跑过上海不少大小餐馆、酒楼，碰到过不少经理、厨师和服务员，一谈起"王老师"，几乎人人津津乐道。

王义民确在饮食中专技校执过教鞭，编过教材，但他以自己的睿智和非凡的才能而长期驰骋在饮食文化和烹饪技术天地中，凡是全市、全国乃至世界中国菜烹饪大赛的评判委员会中，都会为他安排一席之地；凡是像中国大百科全书烹饪编辑委员会编辑出版的这类大型烹饪书籍，都聘请他为编委会委员。他的大名不仅在国内，甚至在日本、新加坡等国家的同行之中也广为流传，所以，人们尊称王义民为老师是名副其实的。但是，"王老师"的真正价值却在于他进入餐饮业近50个春秋中，执着地、无私地"把烹饪作为人生唯一的寄托"的高尚情操。

由于人们的偏见，把饮食业贬称为"油水饭"，大多视它为畏途，而出生于银行世家的王义民从踏进饮食业以后，就坚信"这是一个很有前途的行业"，全身心地投入对饮食文化的钻研。

一天，我们偶然看到一本装帧精美、由日本主妇之友社编辑出版的《中国料理技术入门》的书籍，翻看扉页，原来它是由王义民、林培森编著的《烹调技术》一书的全译本。

《烹调技术》于1979年由中国财政经济出版社出版，是由林培森和王老师在时间紧、资金缺的情况下，根据当时所剩不多的饮食专业教材和其他材料，求师访友，广采博纳编写而成的。这还得从汇编上海传统名菜名点的工作说起。

1956年全国商业改造工作开始起步，商业部为此召开全国厅局长会议，会议要求全国商业要保留和发扬经营特色。与会的上海代表曹宝贞局长从北京来电，要求在四天内整理出上海传统名菜、名点的资料送到大会介绍。公司指定凌云、王耀祖、刘德一和王义民等，商议按菜肴名称、用料及操作特点，收集整理名菜40款，名点20个，打印成册。从此为以后的菜谱奠定了格式。最后由王老师直送北京。当这本菜谱分送给与会的代表以后，竟收到意想不到的效果：会议要求全国各省市要像上海一样花力量整理当地的传统特色菜点。

汇编名菜这一工作的成功，激励了王老师，也为他投身饮食文化事业奠定信心。1973年，王老师终于在事业上迈出关键的一大步。那就是商业部为了改变餐饮业技术衰退的状况，决定恢复中专技校，培养技术人才，在武汉召开全国中专技校工作会议，王老师奉命参加，并被商业部指定负责编写既具有工艺理论，又有菜谱实例的教材。

重振上海餐饮雄风的时代召唤和领导的嘱托，促使王老师全身心地投入教材编写工作，他与合作者林培森老师一起，走访上海各帮风味的烹饪大师，收集他们的烹饪绝技，并加以分析研究，升华到理论高度，如烹饪原料形态与成熟的关系；火力大小与加热时间的关系；原料口味与加工过程中调味的关系；等等。由于教材既囊括了烹饪大师丰厚的实践经验，又表达了具有权威性的理论论证，不仅得到商业部领导的认可，而且受到中国财政经济出版社的重视。于是，由商业部基层商业局出面，召集北京、天津、广东、四川、江苏、福建、安徽、山东、湖北、黑龙江等省市的专家、学者对教材进行审查，得到一致肯定和好评。《烹调技术》也拍板定稿，一直是全国烹饪专科学校的主要技术教材，日本主妇之友社将它照本翻译，自然也在情理之中了。

王老师对饮食文化的传播也有独特的理解，他说，如今出版的书籍偏重于社会膳食（餐饮），虽也有少量的家庭膳食，但对一日三餐中占很大比重的集体膳食（工矿企事业职工伙食团）优化没有摆上应有的位置，为了弥补这个遗憾，他受上海科学技术出版社的委托，与周月林、林若君合作编写《工矿企业厨师指南——中灶烹调技术》一书，于1988年出版。王老师并不讳言，这是受了外来思想的影响。他回忆起曾负责接待土耳其第一任驻华大使及其夫人的情景。这位曾任"专栏作家"的洋夫人说："土耳其菜系在世界上与法国菜、中国菜并列，但因传播中只重社会膳食，人才培养还停留在师傅带徒弟的落后状态，因此土耳其菜系正走向没落。"洋夫人一席话，迫使王老师握笔编写这本书来充实中国饮食文化的传播。他说："我们不能重蹈土耳其的覆辙。"

王老师对饮食文化的钻研，还与餐饮业的经营管理实践紧密地结合，一些基层在业务管理上发生的问题，只要向王老师"呼救"，没有不迎刃而解的。

例如，华德饭店装修竣工后，如何把业务搞上去，成为经理的一大难题。因为，不少餐馆、酒楼，只要经过装修，价格就随之上涨，顾客怕"斩"，不敢上门用餐，生意当然清淡了。华德经理为此请求王老师出谋划策。王老师到场后，分析了华德饭店的地理环境是处在市口相对冷落的居民区，用餐对象是以工薪收入者为主，经过分析研究确定以中低档菜价为主的经营方向，并建议华德饭店张挂越街大红幅，上书"新装修，老价钿"六个大字，以消除顾客心理障碍，果然收到意想不到的效果。"吃实惠，到华德"，一度成为上海主要报纸的新闻导向，华德饭店的营业额节节上升。

再如，清真回风楼饭店装修复业后，一度生意清淡、门庭冷落，店经理就向王老师"求救"。王老师就亲自坐镇大堂，一面仔细观察顾客动态，一面研究店中的菜单价目，他发现有的顾客坐下翻过菜单就匆匆地走了；有的顾客虽然点菜用餐了，但台上菜的花色少而单调。原来，这里都用中盆以上的盛器，量多了，价格也跟着高了，所以稳不住小户散客，市口当然冷冷清清，为了改变这个局面，他建议增设小盆菜，这样一改，果然门庭若市，经理愁云顿散。

王老师还是一个既随和又严格的尊长。在平时待人接物中，他随和可亲。但在工作上、技术上，他毫不苟且马虎，他越是严格，向他求教的人越多。所以，在多次全国或全市烹饪大赛中，他都分别被聘请为代表上海或代表新安集团的总教练，在赛前训练中，他要求参赛人员建立"训练日记"，把教练讲什么，提出什么问题，如何攻破，如何发扬自己的特长，如何改正自己的不足，都要在日记中记录清楚，使比赛出场时，胸有成竹。对不认真做训练日记的，他会毫不客气地当众批评。

在王老师的教育和训练下，参赛队伍不仅屡战屡胜，而且新人辈出。上海一些烹饪和点心大师深得其惠。

王老师还经常深入基层，了解菜点和服务质量，凡是不尽如人意的，他都会当场指出，他发现菜肴质量普遍下降，深感不安，为了改变这种状况，他冥思苦想，终于提出"两线定律"的理论构想，他说："每道菜肴的烹制，都应该遵循纵横两线的轨迹。纵线，代表所烹制的菜肴要符合色、香、味、形、质、器，尽善尽美，达到最高境界。横线，代表工艺上的倾向性。"例如，菜肴质和形的处理，有时应向质倾斜，有时应向形倾斜；咸淡处理有时应向咸倾斜，有时应向淡倾斜；原料形状的刀工处理与花费时间的关系，应向形状倾斜，不为求快而将原料处理得大小不一，难以入目；花色菜造型和加热处理，应向保热一方倾斜，以满足味觉要求；等等。总之，"两线定律"是辩证的，要按照不同的菜式进行不同的处理。这一定律，经过厨师的实践，证明具有较强的可操作性，对提高厨师技术和理论水平，很有指导作用。

王老师对饮食文化和烹饪事业的执着、无私，还表现在他"不以死生祸福累其心"的广阔胸怀。十多年前，他的爱子和爱妻先后病逝，生活上遭此沉重打击，王老师非但没有消沉，为了自己的事业，他坚强地振作起来，他说："我要双倍地发奋工作，我要把孩子应该做而留下的工作担当起来。"1984年他接受上海饮食服务公司的指派，以及日本主妇之友社的委托，参与编辑豪华精致、图文并茂的经典套书《中国名菜集锦》的上海部分；接受上海科教电影厂邀请，担任科教片《家庭烹调》的指导；中华人民共和国成立以来，世界性的首届中国饮食文化国际研讨会和中国烹饪文化学术研讨会两次学术会议中，王老师的《中国烹饪工艺中的刀工、糊浆、火候研究》和《中国烹饪迈向21世纪——续写历史新篇章》两篇论文，先后被编选入册。1992年还先后被中国大百科全书出版社和中国商业出版社聘请为《中国烹饪百科全书·工艺部》主编和《中国烹饪辞典》的编辑委员，1995年又受上海文化出版社的委托被聘为《中国食经·食艺篇》的主编并撰写10多万字的稿件，完稿不久又与人合作编写《中国烹饪技法》。

王老师除孜孜不倦于案头外，其他有关烹饪的社会活动又纷至沓来。例如，他正式退休以后，不仅他所在的上海新亚（集团）公司继续聘请他做顾问，连不少上海著名的大酒楼、大饭店也都聘他做顾问。再如，他刚应邀赴重庆参加全国烹饪协会会议归来，又匆匆应邀赴宁波接受旅游系统下属单位菜点评比展示活动的技术指导和参赛菜肴的设计，使参赛单位荣获大奖。翻开王老师的工作手册，工作日程排得密密麻麻……"老骥伏枥，志在千里"，王老师就是这样以高昂的热情，把自己完完全全地献给了饮食文化事业。

采访结束，我们问王老师最近还有什么新打算？他坦率地说："我正为围边和果蔬雕陷入误区而不安。"原来在当今的饮食市场中，菜肴制作"围边"喧宾夺主；果蔬雕由玉石雕刻艺人握刀，这种形式上华而不实，影响菜肴成本的情况，正迫使他"大声疾呼"！

这样一位老师，怎不让人津津乐道呢？！

——原载于1996年2月《中国烹饪》杂志

海阔天高任飞翔——五位上海厨师展厨艺

五月的北京,花团锦簇,气候宜人。在第二届全国烹饪技术比赛大会上,上海队的5名选手把个人全能奖杯拿走了一半,他们的名字是:顾明钟、陈国良、蔡曜、陆金华、赵仁良。

在环境幽雅的北京大雅宝某招待所里,5位得奖的青年厨师,分坐在客房的沙发上,热情地接待了记者的采访。

（一）

"要善于利用一切有利因素,善于学习别人的长处,善于抓住机会学做多面手。"

——顾明钟

"上海菜和其他任何菜系都不同,只要回顾一下上海的历史就知道。"他兴奋地说,"上海是一个近代城市,它临江、临海,是我国沿海南北航线的中枢和最大的对外贸易港,加上上海又是鱼米之乡,远郊、近邻各种物产源源而来,甚至许多外国原料也被搬上了餐桌。我们根据各种原料的不同性质,新奇原料借用传统菜肴的烹制法,传统原料采用新的烹制法,使其更臻于完美,这样,新的菜肴就产生了,新的上海风味就产生了。另外,上海是个国际性的大都市,每天来上海的国内外宾客不计其数,外地人想品上海菜,而上海人想尝尝外地风味,但又要求其合上海人的口味,例如,川菜不要辣得'吃勿消',鲁菜不要过咸……于是,为了适应不同消费层次的需要,各地的风味到了上海都慢慢变成了'上海风味菜'。"

"上海的师傅来自全国各地,上海成了各大菜系的荟萃之地,这对我学艺而言是个好条件。我所在单位的领导、老师要求我学做多面手，不能单打一，冷菜、热菜、点心都要会，在会中求精。后来，又选派我到罗马尼亚驻上海总领事馆工作了3年，使我有了一次全面实践、发展的机会。这次比赛，我做的七星冷盘、鹤歇苍松两个冷盘均获好评，特别是点心'春蚕果'，将熬糖的技术用在点心上，那根根糖丝如云似雾，形成了自己特有的风格，我想它应该是有生命力的。"

（二）

"我们的'海派菜'才刚刚起步，学别人之长，补自己之短，是我们此行的主要原则。"

——陈国良

陈国良来自上海绿波廊餐厅，采访时他侃侃而谈：

"这次参赛，我的主项是热菜，有'葵花鸭子''红烧鲫鱼卷''炒鳜鱼丝''炒泡力肉片'等。拿葵花鸭子来说吧，是上海本地传统风味，可以说是上海菜的精华之一，它既需要娴熟的刀工，精到的火候，又需要有一定的造型，在色、香、味、形上都有独到之处，这次未能夺得金牌，确实有点遗憾，但也说明还有不足之处。我的点心是'上海小笼包子''香菇枣包''枣泥酥饼'。这只'枣泥酥饼'是上海城隍庙有名的传统小吃，其馅心颇为考究，采用去皮的黑枣，入锅拌炒4～5小时后才能制成枣泥馅。其特点是枣泥味香、甜糯细腻，久藏不失原味。我们的'海菜'能否被人们接受？这次大赛无疑给我们提供了一个很好的受检机会，只可惜，我们所做的只能是上海菜的一部分。"

（三）

"根据现代消费特点，无论菜肴还是点心，都要向小巧、精致过渡，以方便顾客食用，使顾客获得美的享受为宗旨。"

——蔡曜

这位来自上海新城饭店的小伙子，今年才29岁，是5人中的"小弟弟"，可能耐却不小，这次一举夺得2金2银1铜。

他说："为了迎接这次大赛，各参赛者单位的领导、老师傅们都付出了辛勤的汗水，领导们赛前组织我们集训了两个多月，领导和老师们分析了每个选手的不同情况，对每个选手的选题、定题、操作程序等反复研讨，选择了最佳方案，它是集体智慧的结晶。大家劲往一处使，所以说上海队取得这样的成绩绝不是偶然的。"

他顿了一下，接着说："根据这次大赛的观察和我平时工作的体验，我认为：今后无论菜肴还是点心，都要尽可能做得小巧、精致，大鱼大肉、整鸡整鸭已不太受人欢迎，菜一般要去骨、去皮，便于顾客食用。如果是冷餐会，菜肴最好不要带汤。就拿我这次参赛面点'上海灌汤包'来说吧，它源于'淮安汤包'，但我在此基础上作了三点改进：一是将原先吃口较硬的面皮改成松软型；二是降低原来的馅汁浓度，做法是降低肉的用量，增加鸡的用量，使其更加鲜香味醇；三是改变造型，将原来汤包的封口型改成开一小口型。现在的'灌汤包'，食者既不必担心烫破了嘴，又不需事先咬个小口，讲究的还可取一吸管，插入包子内吸食，馅汁鲜而不腻，外皮松软可口，深得顾客好评。总之，菜点做得小巧精致一点，我认为是非常必要的。"

（四）

"对传统的东西,在继承中创新;对外来的东西,拿来后改进。这样,我们才能赶上或超过别人。"

——陆金华

陆金华,来自上海华侨饭店。

"作为上海队的一名选手,参加了这次大赛,并且夺得了个人全能奖,真是做梦也没想到。上海菜名列'四大菜系、八大菜系'之外,且发展历史很短,这是事实。但在其特定的历史发展过程中,上海菜有了长足的进步。小顾(顾明钟)刚才谈了一些,我想再补充几句。由于上海同中国其他地区不同的发展过程,其他菜系对上海菜的形成与发展带来了重大影响。毋庸置疑,对当时的上海人来说,其他菜系的技术水平之高几乎是望尘莫及的。仅靠本地菜是根本满足不了需要了,因而大力引进了外地区的技术,最初是淮扬、江浙一带的风味,后来,川菜、广东菜甚至西餐也涌入上海滩,使得各大菜系(帮口)在上海落地生根。但作为海派厨师,他们不是简单地照搬,而是结合上海本地的情况,如地理环境、物产、消费层次等对引进的技术合理地'扬弃',有些东西是积极地吸收,而有些东西是不吸收的。这不仅是怎样选择的问题,而且也是根据自己的标准去消化和改造的问题。难怪许多外地人说:怎么同样的品种,到了你们手里,就变得精细、秀气了?总之,上海人善于学习外来技术,学习其中对自己有用的部分,并在学习的基础上加以改造,从而发展外来技术。"

（五）

"我们的追求目标是:以日式料理的装盘,西餐的营养，加上中国的味道，走向世界。"

——赵仁良

这位来自上海和平饭店的特级厨师，似乎早就按捺不住了，"这次大赛，对我来说，是个极好的学习机会，开阔了眼界，学到了许多新东西。长期以来，外国人恭维我们是'烹饪王国'，我们自己也飘飘然。其实，我们的食品业还很落后，就说一些'工艺菜'吧，光讲究形、色，丢掉了味之根本，加上历史上形成的对菜肴营养成分的忽视，长期下去，这怎么行呢？在这方面，冷盘暴露的问题也很突出，从各选手采用的原料看，大多离不开老蛋糕、胡萝卜、黄瓜之类，如果这一情况不扭转过来，将会束缚整个中国菜的发展，到时候再谈中国菜要继承、发扬、开拓、创新，将成为一句空话，整个中国菜就会缺乏生命力，就会倒退，甚至会大大落后于其他国家菜肴。古今中外这方面的例子不胜枚举，如原来土耳其菜很盛兴，但由于其保守，缺乏创新，结果被意大利菜所取代，但意大利菜的桂冠很快又被法国菜夺去。当今中国菜也面临着日本菜的挑战，如果我们广大烹饪工作者不正视到这一点，同土耳其、意大利一样墨守成规，那么，用不了多少年，世界上'食在中国'的美称将要东移，中国菜将被日本菜取而代之，这绝不是危言耸听！"

"国内四大菜系、八大菜系中，类似土耳其、意大利的教训，如今也已经客观存在，原来中国素有'食在广州'的美称，而在最近一个时期，被异军突起的香港式粤菜取而代之，其他菜系是不是也有这个情况？"

"我想，中国菜要发展，中国菜要在国际上真正保持'烹饪一国'称号，必须坚持'继承、发扬、开拓、创新'之路。换句话说，中国菜的发展方向，除了多加交流和提高广大厨师的科技文化水平外，还必须集众家之长，即以日式料理精美的装盘，西餐的科学营养配方，加上中国菜特有的美味，走向世界。"

——原载于1988年8月《中国烹饪》杂志

异彩纷呈——中外名厨联谊会

1992年8月28日16：30，在人民大会堂宴会厅，出席年会的中外名厨举行联谊会，向首都烹饪界和新闻界展示他们高超的技艺，联谊会由中央电视台著名的节目主持人赵忠祥先生、杨澜小姐主持。

联谊会开始后，首先由本届年会组委会副主任、人民大会堂管理局局长，本届年会的东道主代表苏秋成先生致辞：

"我受本次年会组委会的委托，祝愿今天的中外名厨联谊会取得成功，这是一次十分难得的机会，希望给大家留下美好的印象。"

接着，杨澜小姐请世界名厨协会的秘书长吉尔·布拉卡尔先生致辞：

"我代表世界名厨协会的全体会员，代表世界名厨协会的创始者法国布拉卡尔公司、匡托公司和罗德里尔公司，也代表关心这个协会的所有活动分子和积极分子，感谢组委会，感谢中国人民，给予我们的热情欢迎。我可以说，在我们参加的若干次年会中，北京的这次年会是最好的、最美丽的。今天，我很高兴地看到，世界名厨协会的几位厨师，能够在这里进行表演，展示自己民族的优秀技艺。通过观看中国厨师表演制作的菜肴，使我们的技艺得到长进，同时我也希望，中国的厨师通过观摩世界名厨的表演，学到一些有趣的东西。世界名厨协会的会员来自30多个国家，通过这次厨师之间友谊的聚会，相互学习，增进情谊，我相信也可以促进世界的和平。"

今天，全国人大常委会副委员长彭冲和世界中国烹饪联合会会长姜习特地为联谊会书写了两幅题词。彭冲副委员长的题词是"异彩纷呈"四个大字，姜习会长的题词是"交流烹饪技艺，增进友谊合作，发展饮食文化，造福世界人类"。

联谊会上，首先出场一展技艺的是瑞典国王的厨师长威内尔·沃日利先生，他制作的菜肴是：腌三文鱼、芥末少司。同时出场的还有瑞士联邦主席厨师海因里希·罗贝尔先生，他制作了一款：瑞士风味牛仔片。

趁着瑞典厨师（本届年会的主席）忙完了准备工作的间隙，主持人开始了她的采访："我想问问我们的主席先生，你是怎样选择做厨师的？"

"在我9岁的时候，我对妈妈说，我将来要选择厨师这个职业，我妈妈说，你的选择太好了，因为世界上最美妙的事情就是吃。还有，因为我小时候总感到饿。"

"我们小时候也是如此。你给我们讲讲'三文鱼'好吗？"

"制作'三文鱼'必须用大麻哈鱼，这是中国大饭店为支持这次联谊会特地空运来的，这是瑞典一道很有名的菜，需小火焖制24小时以上才行。"

接下来，是美国总统的厨师长汉斯·弗尔兰德·哈弗尔先生和德国总统的厨师长贝尔·哈特斯的表演，他们合作制作的菜肴是鸡肉沙拉，同时出场的还有印度总理的厨师长苏德尔·库玛尔·赛布尔先生，他做的菜肴是印度咖喱鸡。

随着几位厨师走上前台紧张地操作，主持人见缝插针，向美国厨师哈弗尔问了这样一个有趣的问题：

"在我们中国，许多厨师平时在饭店下厨，而回家以后却不做饭，请问您是这样吗？"

"我也是，我绝不在家里做饭，我的夫人做的肉菜是最棒的，无数人爱吃我做的菜，但我永远只爱吃我夫人做的饭，我夫人就在这里，她可以作证。"

他的风趣和幽默赢得了大家的掌声。

笔者了解到，他曾先后为尼克松、福特、卡特、里根、布什5位美国总统司厨，经验丰富。白宫的有关部门曾专门制作一种圆形胸章，每年一换，上面不仅有各种纪念图案，而且有每个厨师司厨的年限，他的胸章上印着"20"，代表他在这里已司厨20年了，对此他曾自我解嘲地说："我已干不了几年了，快退休了，退休以后，我的夫人就是我的总统了。"

印度厨师做完了印度咖喱鸡，请大家品尝，并介绍说，他们做菜所用的原料都是人民大会堂提供的。

接下来，由人民大会堂任新桥、赵明运、王焕成、王亚军4位厨师为大家表演了中国一绝——抻龙须面技艺，手里的一把面腾腾几下，变戏法似的，抻出1400多根，博得中外观众的热烈掌声。人民大会堂的特级厨师郭成光、张兰普两位厨师为大家表演了"炸烹龙虾""酸辣鱿鱼卷"的制作，菜肴做完后，赵忠祥先生邀请协会秘书长布拉卡尔、本届年会主席威内尔·沃日利两位先生上台品尝了中国厨师制作的菜肴。这时，主持人向大家透露了一件趣事："人民大会堂宴会厅是严禁烟火的，然而，中国厨师烹调离不开明火，为了这次表演，消防部门特地采取了一些消防措施，现在我们向他们表示感谢。"

最后出场的是匈牙利总统的厨师长吉尤拉·古勒奈尔先生和奥地利总统厨师威内尔·马特先生，他们制作的分别是"匈牙利烩牛肉"和点心"梅子塔"。

大家注意到，这位匈牙利厨师用的是中国常见的两边带耳的炒锅。他解释说："这个锅和他在国内用的匈牙利锅很相似。"他一边说一边熟练地上下颠锅,他说现在西方厨师越来越多地使用中国的烹调法,厨师之间的交流越来越多了。这道牛肉菜需要烧2个多小时。

让我们再看看奥地利厨师制作甜饼。

首先他烙了一些巴掌大很薄的小面饼,然后将葡萄、甜瓜等5~6种水果压碎,加入调料,再加上奶油沙拉之类,倒入小布袋,像制作奶油糕点似的,在小碟上挤一层奶油果料,铺一张小薄饼,再挤一层奶油果料,再铺一张小薄饼,共铺四五层。他说:"今天材料不多,只能铺上4~5层,如果材料允许,并且我高兴的话,可以无限制地叠上去,创吉尼斯纪录。"

在中外厨师表演期间,笔者注意到,法国总统的厨师长约艾尔·诺尔曼先生就坐在离我不远的地方,我悄悄走过去,请他谈谈自己的经历和来北京后几天来对中国的感受。他说:"我从1965年开始,在法国总统府司厨,曾先后为戴高乐、蓬皮杜、德斯坦及现在的总统密特朗担任厨师长,已有20多年了。我来到中国以后,对中国的风土人情非常感兴趣,对中国菜也非常地喜欢,中国菜与西方菜相比有完全不同的风味。这几天来,吃得特别好,中国菜和法国菜一样,也是世界上有名的菜肴之一。"笔者向他赠送了最近一期的《中国烹饪》杂志,他欣然收下,连声谢谢。据本届年会组委会秘书长李社建先生介绍,本来此次现场表演,法国总统厨师亦榜上有名,因所需原料不全,这位法国厨师说什么也不愿将就,遂作罢。西方人的认真敬业精神由此可见一斑。

联谊会期间,享誉世界的中国东方歌舞团穿插表演了歌舞、魔术等精彩的节目。美酒佳肴、轻歌曼舞,大家都陶醉了。今天先后有十几名大师登台献艺,有幸品尝他们制作的佳肴的人是少数,但更多的人一睹他们的绝技,都印象深刻,赞不绝口。

这些厨师的足迹曾遍及世界各个角落，他们所从事的工作越来越受到人们的尊敬。有一位法国人曾这样评价："如果说政治常使人们分裂的话，美食则经常使人们重新团结在一起。有多少国家首脑的会谈被一名杰出的厨师挽救了局面？相信它比我们所设想的要多得多。公正地说，政府首脑的厨师是真正的外交家，他们努力地工作，强调在不冒犯客人的文化习俗的时候，用传统烹饪法制作的各个国家的美食，反映了每个国家真正的特征，这是一种需要将才能和智慧紧密结合在一起的艺术的工作。"

——原载于1992年11月《中国烹饪》杂志

王海威的八珍情结

王海威，祖籍黑龙江，四十出头，是个高大挺拔的东北汉子。王海威幼年家境贫寒，又加上年幼失母，小小年纪便体会到了世态炎凉，幸亏有身居乡间、慈祥的爷爷奶奶照看着他，才没有使他受多少委屈。农家那日出而作、日落而息的生活习惯，那一望无际、沃野千里的东北大平原，养成了他勤奋朴实、心胸开阔的性格。及至成年，他喜欢上了烹饪这一行，小小年纪就出外游历，遍访名师，好"吃"不倦，足迹踏遍了祖国大江南北。这期间，中国烹饪大师张汝才看出他是棵好苗子，收他做了入室弟子。张汝才大师的烹饪功底深厚，刀上锅上内外兼修，又诲人不倦，再加上王海威也是勤学苦练，功夫不负有心人，他很快就满师学成。

良好的开端是成功的一半。不久，他被派出国工作。1997年从国外归来到了北京，服务于中国人民解放军某接待单位。在多年烹饪工作生涯中，他接待了多位党和国家领导人及国际友人，受到了无数次好评与多次嘉奖。

转业后，他面临多家单位的聘请。是沿袭过去的生活方式，没有风险、按部就班地上班下班？还是换一种有风险但更具挑战的生活方式，筹措资金创一番事业？他经过反复思量，最终选择了后者。2002年，他终于创办了自己的企业——北京新派八珍餐饮有限责任公司。开业伊始，他就在北京西红门地区以良好的产品质量、精湛的厨艺赢得了广大顾客的好评，不但取得了经济效益，更取得了社会效益。

这一切，对他来说，就如同水到渠成。

王海威制作的菜肴

2003年,王海威潜心开发的"石烹五补鲟龙宴""新八珍华筵"推向市场,得到了众多美食家的好评,中国烹饪协会原常务副会长、原秘书长林则普先生和"天下第一兵"军旅书法家程志强先生等多位美食家给予了很高的评价,赞曰:"质养兼修品、妙厨巧夺味"。

2004年,王海威带着潜心创作的"新八珍华筵"参加全国第五届烹饪技术比赛团体赛,在本次大赛参赛的全国数家知名企业、五星级饭店等代表队激烈的角逐中,他像一匹黑马脱颖而出,一举夺得了第五届全国大赛团体金奖。他的作品清秀典雅,颇显古风,又充满时尚元素,华筵之中见"紫驼之峰出翠釜""水精之盘行素鳞"。《北京晚报》《餐饮世界》等多家媒体曾采访报道。同年,王海威参加第五届中国烹饪世界大赛,其代表作品"八珍烧海参""花雕凤吞燕"又一次折桂,以优异的成绩荣获个人热菜金牌,并且作为本次世界大赛唯一一位在大赛现场示范整只雏鸡脱骨的参赛选手。

2005年,他又一次被中国烹饪协会授予首届"中华金厨奖"最佳技术创新奖。2008年,他担任全国第六届烹饪大赛河北赛区裁判组组长。

此外,在烹饪理论研究中,他也颇有建树。多年来,王海威先后书写了十多万字的工作笔记,出版了《健康家常菜》一书和《论创新菜的发展》《古往今来话八珍》等论文。

一分耕耘，一分收获。他的努力受到了各方面的重视和肯定。几年来，他多次受行业协会指派、受海外企业邀请到国外进行中国烹饪技术与中国饮食文化的交流，先后数次出任全国烹饪大赛赛区监理长、评委，中央电视台也曾邀他出任满汉全席电视烹饪擂台赛评委。曾担任全国首届微波炉大赛评委、北京国际美食节评委，出任中华餐饮名店、中华名菜、名点、中华名火锅、中华名小吃、全国绿色餐饮企业认定师，出色地完成了全国多家餐饮企业的评定工作。他先后被评为中国烹饪大师、中国烹饪协会名厨专业委员会委员、中式烹调专家委员会委员、中华餐饮名店认定师、中国餐饮业国家一级评委、国家职业技能竞赛裁判员。

"山不在高，有仙则名。水不在深，有龙则灵。"山八珍、海八珍、草八珍……道道八珍代表了中国烹饪悠久辉煌的过去，它们是中国烹饪皇冠上的一颗颗灿烂的宝石。现在，王海威将这串宝石重新打磨，诠释了新的含义，使其从昔日高不可攀的神坛步入了人间。

天地悠悠，人海茫茫。什么样的工作才算是有意义的工作？王海威所做的一切，是不是很有意义？

——原载于2008年《餐饮世界》杂志

苏建国：刀下生花

去年11月，在卢森堡举行的四年一度的烹饪世界杯大赛上，爆出一条新闻：一位来自中国北京的青年厨师，一举夺得雕刻项目的金牌。他，就是苏建国。

苏建国在瑞士雕刻培训班上给学员授课

半道杀出的一匹黑马

说起来，苏建国这次参赛带有几分偶然。

去年，瑞士的安迪·曼哈德集团举办了"中国烹饪与食品雕刻"培训班，聘请苏建国赴瑞士授课。于是，他在金桂飘香的9月，来到了瑞士。没过多久，集团老板安迪先生告诉苏建国，第八届烹饪世界杯大赛11月将在卢森堡举行，他不妨以个人名义报名参赛。这个消息来得既突然，又充满了诱惑，在安迪先生的大力支持和协助下，他顺利地报名并办妥了相关手续。

　　名是报了，但欲在强手如林的烹饪世界杯大赛上取得佳绩，欲在外国同行的包围下脱颖而出，可不是一件轻松的事。好在小苏只是志在参与，心理负担并不沉重。他参赛的作品名为"金鱼花瓶"，为南瓜雕刻而成。在作品的构思和设计上，小苏首先力求保留中国特色，体现东方神韵；其次，也需照顾西方人的审美习惯。遵循这一思路，他先为花瓶设计了一个沉稳而凝重的莲花宝座；瓶口，设计成六瓣自然而舒展的翻边；瓶体，是整体作品的主体，也是最能体现操作艺术品位、雕刻技艺的所在，小苏精心设计了几尾镂空的金鱼，在盛开的荷花、莲叶的呵护下，悠然自得地嬉戏、追逐。整幅图案，犹如一幅中国传统的水墨小品。好一幅金鱼戏荷图！

　　蓝图拟定，接下来就是采买原料了。在卢森堡的瓜果店里，他看中了当地产的长形南瓜，这种南瓜长有 1 米，外皮鲜艳而光洁。看着挺好，可在比赛时却遇到了麻烦，这种当地南瓜不仅个大，内里也跟咱中国产的不一样——都是实心的。花瓶必须是中空的，这可费了劲了。没办法，苏建国先用直刀将南瓜去皮，削去多余的料，再将其修成古朴而端庄的中国古典式花瓶瓶体。瓶体修成，也才算毛坯初具，为了能整雕出金鱼和荷花，他留下了 5 厘米厚的瓶壁，中间部分从底部一点点小心掏空。在瓶体的适当的位置，整雕出两对游动的金鱼，再采用旋、戳、铲、剜等手法，雕出盛开的荷花和翠绿的荷叶。"金鱼戏荷图"完成了，其余部分雕成规则的菱形网状图案，使主体图案越发生动有趣。

　　花瓶雕完，苏建国仔细审视，修饰每一个细微之处，直到满意。然后再另取一块南瓜雕成莲花宝座。雕罢，他小心地将花瓶捧起，安放在宝座上，二者竟然严丝合缝，浑然天成。整件作品的雕刻，他仅使用了一把直刀、一把 V 形戳刀和一把 U 形戳刀。

这是件艺术珍品，它的美震撼了在场的旁观者，也打动了来自各国的评委。

苏建国成功了，中国厨师成功了！

十年磨一剑

俗话说，罗马不是一天建成的。苏建国在卢森堡一举夺冠，这枚金牌浸透了他十几年来的心血。自从 1987 年进入海淀区职业高中，他就与烹饪、与食品雕刻结下了不解之缘。上职高不久，学校开设了"食品雕刻"这门课，看着一个个普普通通的萝卜、土豆、黄瓜在师傅们的雕刻下，三两下就变成了神态各异、活灵活现的花鸟虫鱼，既可美化菜肴，也可使整个席面生动有趣、艳丽多姿，给人美的享受。从那时起他就暗下决心，一定要把这门技术学好。

于是，在他的师傅——食雕专家董玉崑老先生的指导下，他开始了认真的学习。那时，他家里还不宽裕，多少次，他省下午饭钱买回刻刀、萝卜，白天学习，晚上回家便不停地练习。经过董师傅手把手地细心栽培，几年下来，他终于练成了一手扎实的基本功。

1989 年小苏职高毕业后，来到了北京旅游饭店——皇苑大酒店。不久，他就适应了这里的工作，厨房里锅上案上的活儿，他都能拿得起。酒店的工作是繁重而紧张的，一般人有了点休息时间，就忙着做点家务或是外出消遣。而他，在休息日有自己的爱好，闷在家中，拿着刻刀不停地"糟蹋"萝卜、土豆。冬日，他雕那暗香浮动、玉骨冰姿的梅花、水仙；春日，他雕那林中飞翔的小鸟、溪间停立的白鹭；夏日，他雕那苇叶间飞动的蜻蜓，雨后石板上蹦跳的蛐蛐、蚂蚱，水中游动的色彩斑斓的小鱼小虾……若是外出旅游、出差，他关注的除了当地的吃，就是当地的建筑，从巍峨的皇宫坛庙到寻常百姓的普通民居，从显赫一时的名山大刹到偏居一隅的隐士茅庐；出国讲学和表演，更是他了解世界、开阔眼界的良机，那迷人的异国风光，伟岸的古今建筑，都被糅合到他的作品之中。他发现，大自然是他最好的老师。

1991年，苏建国参加"第三届怀燕杯全国食品雕刻大赛"，获得银牌。

1993年，他参加"第三届全国烹饪大奖赛"，获银牌。同年，参加全国成人高考，考入北京实验大学烹饪系。

他是一位普普通通的厨师，他又是一位永不停步、常思进取的青年，正因为常思进取，在他的人生履历表中，才有了在烹饪世界杯大赛夺冠这样辉煌的一笔。

——原载于1999年3月《中国烹饪》杂志

王馥荔："天下第一嫂"谈吃

说起影视作品中的"大嫂"，不少人马上就会联想到王馥荔。

王馥荔曾是著名的京剧演员，后来"触电"在银幕和银屏上成功地扮演了许多不同性格、不同经历的角色，因在电影《金光大道》中扮演高大嫂一角获得"天下第一嫂"的美誉，是一名受人爱戴的影视表演艺术家。

春节前夕，正赶上王馥荔在北京做节目，在剧院后台休息室，笔者截住了她，问她春节有什么打算。

我们的谈话是从吃开始的。王馥荔父亲是天津人，母亲来自山东，做得一手好面食，从小家中主食基本上以面食为主，做的菜也是北方风味。王馥荔很小的时候就来到了江苏，是江南的鱼米和精细的淮扬菜养育了她。

王馥荔常年随剧组奔波，辗转南北，一般都是吃剧组餐（类似盒饭），这是没有多少挑选余地的，填饱肚子而已。赶上会议、活动，就是十人一桌的会议餐，天南海北，倒什么都能对付，不管是川菜、粤菜、北方菜，她还都能接受，不挑剔。不过，有机会回到家，她还是会系上围裙，准备点材料，亲自做羹汤，做点自己喜欢吃的南方菜。

在家里做菜，一般总是做点既可口、又简单的菜，非常清淡。她不喜欢长时间炖熬的菜，有时候是和先生一起做，有时候是阿姨洗好了，她再来切配、调和。

王馥荔爱吃鱼。红烧鱼、清蒸鲩鱼、葱烤鲫鱼、红烧小黄鱼、红烧鲆鱼、煎小干鱼，海鱼、湖鱼都爱吃，她先生做葱烤鱼最拿手。

先生做的葱烤鱼,外酥香,里鲜嫩,葱香扑鼻,令人垂涎。而她最拿手的菜是红烧鸡翅,做这道菜在选料上颇讲究,鸡翅得掐尖去根,仅留翅中,烹调时要注意咸淡和火候,不放那么多酱油,用红糖上色,在锅中煸鸡翅要恰到好处,略见金黄色时下料酒、盐、红糖,略加一点点水,待鸡翅成熟时,汤汁紧裹翅身,绛红一片,色泽红亮,味入骨里,着实诱人食欲。每到做鱼,尤其是那些小海鱼,做之前,她总爱用花雕酒码一码,然后再加上生姜、葱、盐,将鱼先腌一腌,既能去腥,又能起香,然后再扑上薄薄的一层面,下锅中用油细细地煎,煎得两面金黄,再加调料,或红烧、或白煮。每次做这样的鱼,先生总能多吃半碗米饭。

前不久,湖南电视台有个专门谈吃的栏目,请她去做了一期节目,她给湖南的父老乡亲带来了自家的一道保留菜,主料是四五种市面上常见的菌类,如平菇、蘑菇、香菇、牛肝菌之类,要求新鲜,洗过之后,将大块的改一改刀,切成小块,为了保证彼此之间不串味,各自保留自家的本色,这几种菌需逐一下锅用小油煸过,不要过熟,立刻倒入盆中,全部炒熟后,再合到一处,加点盐、鸡精,再拌入切成末的香菜,最后滴几滴香油(切不可太多,不然香油味太重,会盖过香菌的味道),略拌一拌,这道菜就算成功了。再看这道菜,各种不同颜色的香菌,衬着碧绿的香菜,入口清淡爽洁,真是好吃又耐看,营养又丰富。有人建议,该给它起个名儿吧,大家一合计,就叫"兄弟姐妹大团结"吧。

作为国内知名的影视表演艺术家,王馥荔经常随中国艺术代表团,走出国门,与外国同行交流。到了国外,吃便成了一个问题,对于西餐,王馥荔的态度是,要会吃,但不太爱吃。

王馥荔是个闲不住的人,每次一回到家,总是忙着打扫卫生,

> 烹饪杂志社的广大读者朋友，
> 衷心祝愿大家春节期间家：
> 吃的好，吃的美，更要吃的健康
>
> 王馥荔
> 2002.1.30.

王馥荔写给《中国烹饪》杂志的寄语

侍弄花草，为先生和儿子做上一顿饭，显摆一下自己在外面学到的新菜。这不，又快到过大年的时候了，往年她们全家大都到南方和父母、哥嫂一起过年，今年打算在北京过。今年过年吃什么？王馥荔想了好几道菜，其中两道是老母亲传下的绝活。有一种饼，比千层饼还要好吃，但她叫不出名，做法是面和好后略醒，擀成薄片后，抹上荤油、葱、盐调成的馅，再反复折叠，擀薄，用油一煎，两面金黄，外酥脆，内松软。这道面食王馥荔曾做过多次，一直都做得不太好，老母亲八十多了，也做不动了。另一道菜是酥锅：必须用铁锅，五花肉垫底，上放卷成卷的海带、鲫鱼、整个的藕、大白菜……一层一层地铺上，再放入料酒、盐，还必须要加足量的醋，小火长时间地炖煮，吃的时候再一层一层吃，海带鲫鱼什么的都酥了，鲫鱼的骨头都可以嚼着吞下，现吃现切。这道菜最是解腻，节日的时候，全家围坐在一起，一边品味着美馔佳肴，一边交流彼此间的感受，知心的话儿说不完，其情也感人，其乐也融融。

她说，这几天，演出任务一结束，就打算采购年货了，现在过年买东西，不用票证，也不用排队，想买什么就买什么，想吃什么就吃什么，天天都像过年。一想到春节期间亲人们就要欢聚一堂，她仍然眼中放亮，显得有些激动。

执着从事艺术工作的王馥荔，在吃饭一事上同样有自己的见解，她认为吃饭既不可太挑剔，又不可过于马虎，菜肴以味道醇正、清淡爽口为佳。要能够在吃中吃出品位、吃出美、吃出意境，吃出身心健康。

——原载 2002 年 2 月《中国烹饪》杂志

陈洛平：重彩演绎和合之妙

"天下三分明月夜，二分无赖是扬州"，烹饪技艺发达、文化底蕴深厚的历史文化名城扬州，造就了一代代海内外名厨，陈洛平只是其中之一。

陈洛平，生于1955年，从厨已达33年之久，曾经先后担任江苏省扬州市百年老店富春茶社行政总厨，菜根香饭店总经理兼行政总厨。1992年受扬州饮服集团公司委托，到北京国贸中心淮扬餐厅依然担任行政总厨，此后又先后担任北京梅龙镇酒店、北京港澳中心淮扬餐厅、北京知识产权培训中心的行政总厨。现为中国烹饪协会会员，中餐烹调国家级评委，扬州市烹饪协会理事，淮扬菜扬州名师，中式烹调高级技师。

1993年，他在北京国贸中心工作期间，曾接受中央电视台和《中国食品报》的采访，央视在春节黄金时间向全国播放了采访录像。为弘扬淮扬菜的文化，把淮扬菜推向全国，推向世界，陈洛平做出了自己应有的努力。由于他在工作中不断努力，勤奋钻研，工作积极，1994年光荣加入中国共产党，连续三年被评为扬州市直商业系统优秀党员。

近年来，陈洛平接受著名餐饮企业家郑河力邀，担任科力淮扬村行政总厨一职。科力淮扬村在北京地区拥有8家店，全国共12家店。总经营面积25000平方米，有员工1000余人，是一家在海内外小有名气的淮扬菜连锁店。

陈洛平的案上、锅上技术都非常扎实。他常回忆当年学厨的经历，对众多淮扬菜大师对他的悉心指导和教诲，内心常怀感激之念。

烹坛名宿陆有才老先生、王春林前辈，汪友财、刘宏保、王立喜、陈春松、薛泉生等诸位大师都常在他口中念叨。多年案上、锅上的操练经历，渐渐地，他在扬州乃至省内外也已小有名气。他曾经担任过江苏省青年烹饪大赛的评委；参加了淮扬菜谱传统篇的编写和制作工作；参与了"乾隆宴"的研制工作和制定扬州炒饭质量标准工作；对淮扬传统名菜"芙蓉鱼片"进行改革，创新并得到专家和消费者的认可。他还带队参加淮安美食节大赛，共获得15枚金牌、10枚银牌、4枚铜牌的辉煌成绩。自己的拿手菜品有：扬州三头宴、乾隆宴、开国第一宴及三套鸭、醋熘鳜鱼、翡翠龙肝、蟹粉鱼肚等淮扬传统经典菜品。

几十年的厨房磨砺，让他的个人烹饪技艺越发娴熟、精到，他对餐饮业的前厅后厨、人财物的管理也越发井井有条、胸有成竹。

陈洛平大师和他的员工们

科力淮扬村餐厅

总厨的前面为什么冠以"行政"二字？他认为，作为一名厨师长，除应具备高超的做菜本领外，更为重要的是管理能力。厨房出品质量的保障，是一个系统工程，不是某一个档口的质量所能决定的，这就要求厨师长的知识面要广一些，要有一定的协调本领，要有指挥得当的能力，要有临危处理事务的能力，要有巧妙的工作方法，要有高超的语言技巧，及时了解员工的心态，最大限度地挖掘员工的潜力，调动员工的积极性、能动性。使后厨始终保持最佳状态，这是后厨凝聚力、向心力的最大体现，也是行政总厨的首要课题。

　　为能得心应手地对后厨各个档口实行规范管理，厨师长自身必须具备所有档口的操作技能。就拿陈洛平来说，他曾经在冷荤间干过6年多，最终担任冷荤组长，在切配档口干过7年半时间，最终担任切配组长，在面点间干过3年，每天早晨4：30上班，这种经历和积累，对日后他担任行政总厨来说显得尤为重要。科力淮扬村在后厨管理中，一直贯彻董事长郑河先生的管理理念：即所有管理人员必须到各个档口实行自助式实习来充实自己，提升能力，掌握更多的有用知识，为建立一支稳定的、高素质管理人员队伍做出应有的努力。

　　如今的厨房，一线厨师对基本功的掌握程度具有相当程度的差异，站灶不用锅盖，切配不知磨刀方法的情况时有发生，针对这些现象，总部又针对性地开展了基本功的强化培训，举办各类研讨会，反复强调基本功的重要性。如分档取料基本功，随着科学的进步及分工的细化，在现代厨房并不能有效运用，但作为职业厨师这门基本功必须掌握。一个厨师有良好的基本功功底，才有可能在菜品制作方面更加到位，更加规范。培训是企业给予员工的最大福利，也是一项长期的重要工作。从机制上给予保证，方法上灵活多变，让员工先从产生兴趣开始，并与员工自身利益挂钩，是他多年来在培训上总结出的经验。公司下发统一的培训指导大纲，并把培训纳入质检内容，各个厨师长亲自过问。使酒店目前的培训呈现出了良好的局面，通过培训，除了在技术上给予员工以指导，更重要的是全面提高全员素质，而提高全员素质的关键是文化，陈洛平曾提出一个口号，现代厨师要向"儒厨"方向发展，这个"儒厨"并非让厨师作几首诗（当然能作诗更好），而是要有文化，有了文化，无论是对菜品的悟性，还是对菜品的理解以及对出品质量的把握，都有好处，所以他要求主要技术骨干及管理人员要博览群书，提倡爱好广泛，多学习知识，在各方面充实自己。对于一个厨师来讲，一个良好习惯的养成可能会受益终生。

　　淮扬菜在我国有很大的名牌效应，从古至今对淮扬菜的赞誉之词，优美诗篇也不在少数。开国第一宴选用的就是淮扬菜，但由于淮扬菜本身宣传、包装不够及操作过程较为烦琐，不易推广等原因，使淮扬菜在推向全国市场中，始终步履艰难，但现在情况有所改变，首先，人们健康饮食平衡膳食的理念在逐步提高，其次，人们对饮食的追求已不是解决温饱，而是一种品位和文化追求，而淮扬菜有上千年的历史文化积淀，显得相当厚重。科力淮扬村在郑总的领导下，始终坚持文化与餐饮的有机结合，为体现淮扬文化，酒店形成了独特的说菜风格，让所有来消费的客人清楚地知道淮扬菜品的文化内涵。在菜品风格上，他们坚持传统风味与当地饮食习惯相结合，经过多年的经营和上上下下的共同努力，使淮扬菜在北方市场上有了一席之地，并获得广大消费者的好评。坚持走文化与餐饮相结合的道路，突出本菜系的风格，糅合当地风土人情，饮食习惯，狠抓出品质量，淮扬菜系走向全国指日可待。

　　对此，陈洛平信心十足。

——原载于 2007 年 9 月《餐饮世界》杂志

寻味篇

从西岸到东岸——加拿大饮食札记

提起加拿大,人们往往会将其和白求恩、会说相声的大山、加拿大化肥联系在一起,知道得多一点的,自然会提起那漫山遍野的枫树、尼亚加拉大瀑布、多伦多国家电视塔……1994年10月中旬,笔者和中国商业出版社的副社长刘子荣、发行部主任张新壮一起赴加拿大公干,公事之余忙里偷闲,一睹了以上这些世界之最,同时在平日的工作生活之中,亲身感受了一番加拿大的饮食习俗,也算是意外收获吧!

笔者和中国商业出版社副社长刘子荣(中)、发行部主任张新壮(左)在温哥华

登陆西岸:品味温哥华的海鲜美食

10月17日下午1:30,我们乘中国国际航空公司的CA991航班,从北京经上海,直飞加拿大西岸温哥华。

经过10多个小时的飞行,安全抵达温哥华,下飞机一看,才上午11点,仍是17日,等于过了两个17日。我们很快便办完了通关手续,在接站大厅,顺利地见到了接待我们的毛建明先生。

笔者与毛建明先生在温哥华的合影

毛先生来加拿大时间虽不算长,然而适应得很快,英语说得很流利,开车也很老练,我们将行李安顿好,毛先生开车经过自动收费亭,递上信用卡,机器中弹出了一张6加元(1加元约合人民币6.3元)的票,轿车立即载着我们沿着高速公路向市区进发。

温哥华是加拿大距离亚洲最近的海港,港口深奥,冬不结冰,是太平洋沿岸的重要海港,也是横贯加拿大全境的铁路终点。

秋天的温哥华,正是枫叶红似二月花的季节,早晨下了蒙蒙细雨,天空一片阴沉的颜色,路两旁草地连着草地,华宅连着华宅,风吹处,但见红叶飞舞,徐徐落在街道上、草坪中。枫叶聚集处,更勾勒出一片诗情画意的景象。

温哥华西有太平洋,衔接菲沙大河,连同内陆的大川小湖,正是肥美海产的温床。其后几天听当地人介绍,单是太平洋沿海,便有1.6万名的渔民每年可捕获超过1亿加元的三文鱼、鲱鱼、哈里拔鱼、地鱼与不同的贝类海产,在不列颠哥伦比亚省的食品出口量中,海产占了六成之高,输往90多个国家和地区。

除了上述鱼类外,鳕鱼、石斑、石头鱼、红鱼与鲟鱼都是不列颠哥伦比亚省之海洋妙品。

贝类海产，则以蚝、象拔蚌与马尼拉蚬、带子与青口等最受海外市场欢迎，还有肉厚味美的龙虾，已成了中式海鲜酒楼的必备之品。

鱼类中以三文鱼最为著名，产量当然也以三文鱼为高。初期的产量全靠三文鱼自我繁殖。这种味道鲜美、营养丰富的鱼成为名品后，自然供不应求，为了提高三文鱼产量，减少对自然环境可能造成的破坏，省内设立了许多养殖场。

三文鱼自是妙食，华人利用精巧的烹饪方法，可以把一条三文鱼充分享用。头、尾、骨可制汤，头可红烧、可扣、可炉边烧，鱼身的烹制法更数不胜数。

三文鱼除了味道鲜美外，最吸引人的还在于其自然生态，每年在一定的日子里，成千上万的三文鱼会从不同的河海下流游回原产地产卵，它们经过大川小河，攀越小溪浅涧努力向上游，无论旅程多么艰辛，都拼命前进，誓要在产卵前回到故地完成这一个自然生产过程。

三文鱼的回流大观，吸引着无数观众，可惜我们来去匆匆，无法在此地久留，只能以品尝一下三文鱼而尽兴了。在吃三文鱼之前，当地的食家告诉我们，三文鱼共分五类，最大的是川鹿三文鱼，亦称为春三文鱼，或皇帝三文鱼，味道奇特，肉色从象牙白至深红都有，当地人一般以烟熏法食之。

鲟三文鱼体型次之，味较野，肉淡粉红色至中红色，多用来做罐头。

高豪是味道十足的软肉鱼，肉色鲜艳，既是本省出产至丰的品种，也是烟熏或做罐头的佳选。

索眼三文鱼的名称与眼并没有关系，它是印第安语中"酋长"

的意思,肉质与川鹿三文鱼一般丰满,肉较腴厚,呈深红色。曾经是做罐头三文鱼的唯一品种。

粉红三文鱼是身型最娇小的,肉色浅但较硬实,味道鲜美,是最佳的一种三文鱼。

三文鱼冷热吃均可。如当地食谱中有一款北欧凉菜"莳萝香浸三文鱼",不妨摘录下来介绍一二:

做一款"莳萝香浸三文鱼"取料十分讲究,一定要上好去皮三文鱼肉三磅,新鲜莳萝一大匙,细细切丝再切成末,再加3大匙盐,4匙白糖,另外还需一点鲜胡椒与香料、白酒、醋。此菜不能现做现吃,须事先腌制一番。将三文鱼放入盘中,莳萝撒匀鱼身上下,再将盐、糖、胡椒与香料均匀撒入,倒上白酒、醋,用胶纸封好后,放入冰箱。这期间要不时用匙将原汁浇匀鱼身,并以重碟压紧鱼身,两天后去皮切片便可上桌。

温哥华市的中餐食肆星罗棋布,有不少来自中国内地及港澳地区的名厨高手,在各种三文鱼的菜肴中,粤式的"香柠梅子蒸三文鱼"也很有特色。

制作此菜,须先用蒜蓉、酸梅加些豉酱、糖、盐、麻油、绍酒、生粉、果皮蓉做成汁,浇在三文鱼肉上,上放几片柠檬,上盖蒸8分钟左右便可,鱼肉既滑且润,入口松化。在温哥华吃三文鱼,一般人都会超过平时的食量。

此外还有地道的潮式"红烧三文鱼",当地的华侨家庭也常以此法烹制三文鱼。

在温哥华,白天忙着外出考察、商务谈判,夜里还可轻松一下,看看汉语电视和中文报纸,由于时差的缘故,在报纸、电视上每天可看到来自中国当天的新闻。在当地发行量较大的两家中文报纸是

《星岛日报》及《世界日报》。广告版中餐馆占了很大的比重,我随便翻一页数了一下,便有40多家,大多为粤菜馆子,几乎是一统天下了。粤菜馆供应的特色菜也是丰富多彩,五花八门,如红烧天九翅、驰名烟黑鱼、麻辣火锅、太极鱼翅、荷塘古法蒸龙虾、椰青炖鲍翅、凤脂花雕蒸蟹、肥牛单人火锅、烟焗黑鱼皇、星洲桥底龙虾、避风塘炒蟹、驰名奶油龙虾、驰名红烧乳鸽皇、多渔面等等。除了餐馆广告,还有不少招聘中菜厨师的信息,如具有合法身份的话,一般工作每小时能收入10~20加元,差不多算是中等收入了。

老一代的华工可没这么走运。

前不久,我曾翻阅过梁启超先生1903年到北美旅行的游记《新大陆游记》,在《华人在加拿大之情状》等节中,老先生以充满苦涩的笔墨谈到了华工,谈到了三文鱼:"华人在加拿大者,生计殊窘蹙,远不逮在美国。其工人不得职业者十而五六,困苦不可言状。……哥伦比亚省之工人,以做沙文鱼为最多。计每年鱼来时,业此者每月可得美金三十元至六七十元不等,然每年惟四月至七月为鱼来时节耳。自馀数月,凡业渔者皆无所得业,束手坐食,故岁入恒不足以自赡也。日本人在此者,亦以渔为业。然日人则采渔也,华人则制鱼也。采渔,每日每人工价,优于制鱼者数倍。然此地西人、限华人非已人英籍者不得采渔。故虽以区区之利权,亦不得与他族竞。制渔业之外,惟有厨工、洗衣工为大宗。厨工最上者每月可得美金七八十元,最下者十余元耳。洗衣工工价甚微,大约每月美金十余元。"

从每月十几元到每小时十几元,这中间相隔近一个世纪。经过几代华人近百年的奋斗、挣扎,终于在加拿大占有一席之地。然而从整体上看,华人的经济实力还不太强,就从华人就业较多的饮食业来看，一些大饭店、连锁店大都是西方人拥有，华人办的饭馆一般规模都不大，档次也不太高，其所得与那些大公司相比自然就有限了。

登陆东岸：首站多伦多

中国商业出版社代表团一行考察多伦多《世界日报》

来加拿大的第二站是多伦多。

多伦多市是加拿大第一大城，位于安大略湖西北岸，是安大略省的省会。来到多伦多市，一俟公事告一段落，接待我们的陈旦先生（在加拿大某国际贸易公司任职，中国移民）便开车带我们沿市区游览起来。车窗外，那宽阔的高速公路、高大的立交桥、成片的枫林、悠闲地在草地上散步的行人一一向后掠去。市内高楼林立，车流如潮，一派繁荣景象，市中心高耸着伊顿百货商店的巨大晶体建筑和50多层的商会大厦，给人以深刻的工业化和现代化气息的印象。远远地，那高耸入云的加拿大国家电视塔总是矗立在人的眼前，穿行在街道上，她好似一个路标、一座灯塔，即使迷路了，看到她，你就能知道自己的位置，及时把握要去的方向，到了多伦多市，不登一下国家电视塔是说不过去的。

登塔得买门票，每人12加元。塔高553.33米，当然是坐电梯。

朝外的一面是透明的，人们像被装在一个玻璃瓶内一下被抛向了天空，眼见着四周楼房越来越矮，排排轿车成了可笑的火柴盒，顷刻间，电梯已停在外形似汽车轮胎的高空楼阁之中。出了电梯，清醒一下有些眩晕的脑袋，才知自己已来到了高空旋转式餐厅，餐厅内吃的喝的都有，我们要了一杯浓浓苦苦的咖啡，凭窗眺望，浩瀚的安大略湖成了一汪小池。整座城市，尽收眼底。

下得塔来，看看已是饭点了，塔旁吃饭的去处倒是不少，麦当劳、肯德基、比萨饼、通心面……看来看去，最后终于还是一致决定上唐人街吃中餐去。

多伦多的唐人街，据说过去是犹太人的买卖中心，后来，随着华人移民的增加，街道两旁的店铺渐渐地成了华人的产业。走在唐人街上，两边一溜的鸡毛小店，满地的碎纸果皮，感觉分外亲切。两旁店家的买卖虽五花八门，然所用的字号和国内广州、深圳以及香港也没什么两样，所不同的是在大而漂亮的汉字招牌下，还有一行略小的英文字牌，街两旁的菜馆，除了标榜正宗的中国风味外，还有一些韩国、日本、东南亚的风味菜馆。对我们来说，出门在外，除了选择菜馆的风味，价格因素也必须充分考虑到，好在加拿大中餐馆的菜价要比西餐廉宜，且更合口味，一餐下来，每人10加元足矣。

我们信步走进一家名为"龙城"的中餐馆，从外观上看，它比一般中餐馆营业面积要大一些，桌位很多，座无虚席。大厅一溜沿墙排满了各种风味的小亭，品种颇为丰盛，分为点菜和自助餐（名为"东来顺"的号子），台面上一字排开有十几种菜肴，其中荤菜七八样，无非咖喱鸡块、红烧牛肉、扒羊肉条及牛百叶之类，蔬菜3~4样，主食是米饭、馒头、面条和面包，每人一只大饭盆，随意夹取，直到盛不下为止。收费是：每人2.5加元，而且不用给小费。

这恐怕是世界上最便宜的自助餐了。

上述菜肴，我每样都夹了一点，吃前先看看外观，再细品味道，还说得过去，原料看来也比较新鲜。饭后，我看客人不多了，便和女摊主聊了起来，一问之下，才知对方不仅是同胞，而且是从北京来的，彼此一下子贴近了许多。问起生意如何，她向我感叹起来："加拿大近年来经济衰退，失业率高，餐饮业竞争很激烈，只能薄利多销，挣点辛苦钱罢了，要想靠此发财，那可难了。"我只能报以一声叹息。

饭后看看时间已是不早，匆匆转了几家商店，便打道回府，准备起明日一早开始的由"天马旅游公司"组织的"加东四日游"。

笔者在加拿大尼亚加拉瀑布留影

四日游的第一个节目是游尼亚加拉瀑布，它是世界上著名的瀑布之一，位于北美伊利湖和安大略湖间的布法罗城西30多公里的尼亚加拉河上，瀑布总宽度1000多米，平均落差50多米。它被一宽350米的长形岛屿——山羊岛所分流，在断崖上形成三个宽大水帘。处在美国境内的一大一小相距很近的瀑布是美利坚瀑布，宽约300米。在加拿大一边的称马蹄瀑布，宽约800米，三个瀑布中最为壮观的当然是这马蹄瀑布了。它那宽大无比、势不可挡的狂水，以泰山压顶之势从天而降，声闻数里，水沫飞腾，天空中形成一片白雾，有阳光出现时，便见道道彩虹，景色十分壮丽。水中满载穿着绿色雨衣的游人的机船，像一只只鸭子勇敢地向着隆隆轰鸣的瀑布挺进，站在船头，大"雨"如注，阵阵轰鸣震耳欲聋，看到这份刺激壮丽的景观，委实不虚此行。

游完大瀑布，已近中午，听导游介绍，周围除了西餐馆外，还有几家中餐馆，其中有一家名曰"新华园"的颇为不错，爱吃中餐的先生们不可错过。

问明路线，我们便直奔"新华园"。

进了新华园，服务员递来菜单，品种确实不少，价格和非旅游点相比差不多，我们3人要了三菜一汤，饭后服务员还递来一盘免费的水果，吃完结账，连小费一起共计27元，果然是按明码标价收费，饭后服务员连连称谢，并奉送1份当日菜单留作纪念。这正巧满足了我平日爱收集菜单的嗜好。一般来说，一家菜馆，只要透过一份小小的菜单，其风味特色、经营状况、档次等情况便可一目了然。这里顺便将此菜单抄录于后，供爱好此道的读者参考（所有价钱均为加元）。

1. 汤类：清汤1.50、蘑菇鸡汤1.75、鸡面汤1.75、鸡饭汤1.75、蛋花汤2.00、云吞2.95、叉烧汤面2.95、酸辣汤3.75、蟹粟汤4.50、草菇汤3.75、西洋菜汤3.50、豆腐汤3.20、芥菜汤3.25、紫菜汤3.25。

2. 饭类：白饭1.00、菜炒饭4.50、叉烧炒饭4.75、牛肉炒饭4.75、鸡炒饭4.50、虾炒饭5.95、新华园炒饭6.95。

3. 蛋芙蓉：草菇芙蓉5.50、鸡芙蓉5.50、叉烧芙蓉5.50、虾芙蓉6.75。

4. 猪肉类：甜酸咕噜肉 6.45、甜酸排骨 5.75、杏仁猪丁 6.65、咸排骨 7.25、干排骨 7.75。

5. 牛肉类：豉汁牛肉 9.95、蚝油牛肉 9.95、凉瓜牛肉 10.50、沙嗲牛肉 9.95、白灼牛百叶 8.75、豉汁牛百叶 8.25、青椒牛肉 6.50、番茄牛肉 6.50、蘑菇牛肉 7.25、什菜牛肉 6.75、咖喱菜牛肉 6.95、芥蓝牛肉 7.50、杏仁牛肉 6.50、炸牛柳球 14.25。

6. 鸡类：甜酸鸡球 6.50、菠萝鸡球 7.00、西柠鸡球 7.00、杏仁鸡丁 6.50、咖喱鸡 7.95、杏仁酥鸡 7.00、炸鸡翼 6.50、蜜糖鸡翼 7.50、豉汁鸡翼 6.50。

7. 海鲜：西柠虾 7.95、甜酸虾 8.25、甜酸带子 8.95、豉汁青椒虾 8.75、咖喱西芹虾 8.95、时菜带子 8.95、杏仁虾丁 7.25、高丽虾 9.95、时菜鲜鱿 7.95、草菇蟹肉糊 8.95、干煎大虾 17.95、时菜虾球 10.95、带子时菜 10.95、酥炸带子 9.95、三鲜扒时菜 10.95、三鲜扒草菇 10.95、椒盐鲜鱿 9.05、蚝油鲜鱿 9.95、虾酱鲜鱿 9.95。

8. 豆腐：新华园豆腐 8.25、麻婆豆腐 7.50、红烧豆腐 6.50、叉烧豆腐 7.95、八珍豆腐 8.50、蚝油豆腐 6.50。

9. 粉面：上海油面 7.50、干炒牛河 7.95、豉椒牛河 7.50、星洲炒米 7.50、厦门炒米 7.50、牛肉捞面 7.50、叉烧捞面 7.50。

这家饭店除了供应中餐，亦有西餐供应，凉菜沙拉、三明治、煎炸烧烤大菜、甜点及饮料、各色洋酒也是一应俱全，然而据我观察，许多来到此间饭店，长着一副西方人面孔的食客亦大多点用中餐，而且用起筷子来，竟然像模像样，颇为老练，也算一奇。

吃完午饭，又看了介绍大瀑布的大银幕电影、发电厂等景观，便重登巴士，掉头沿圣劳伦斯河，一路向北去拜访加拿大古都金斯顿、首都渥太华、名城蒙特利尔及魁北克诸市，限于篇幅，这里略过不提。

——原载于1995年4月《中国烹饪》杂志

边走边吃：98EXPOGAST烹饪世界杯大赛

卢森堡掠影

98EXPOGAST烹饪世界杯大赛于1998年11月7日至12日在风景秀丽的卢森堡举行，参赛的400余名选手分别来自33个国家和地区。大赛组委会在卢森堡国际展览中心同时举办了大型的食品、酒类、食品机械博览会。经过7天紧张激烈的角逐，中国队荣获团体铜牌。

烹饪艺术是一种创造性的劳动，是一种创造高品位生活的艺术。你喜欢绘画和雕塑吗？你能够想象用各种糖粉、巧克力、奶油、鸡蛋制成的"路易十四""厨师本色""古典美人"的风采风姿吗？这些食品的制作难度绝不比雕琢石块来得轻松。烹制一份普通的西式菜肴，也许会动用几百种酒和来自多国的原料。

酿馅鸡、煎肉排、蛋白牛奶酥、奶油沙司拌苦杏仁片……这些都是来自外国的菜肴，你能说出它们的产地吗？美国、法国、意大利……要品尝这些异国风味，你不必环球旅行，如果你在1998年11月中旬曾到过卢森堡，到过烹饪世界杯大赛现场，来自世界各国的烹饪精品会使你心醉神迷，你必能真正领悟到为什么说烹饪是一门艺术。

匆匆一瞥卢森堡

卢森堡掠影

第八届烹饪世界杯大赛开赛于卢森堡首都卢森堡市。卢森堡市位于南部旁帕依地区中心，以城堡闻名于世，整个城市被阿尔泽特河和佩特罗斯河隔成两个部分，市中心是河谷地带，由110座大小桥梁相连接。两河之间是老城区，大多为三四层的楼房，整座城市，显得格外宁静安详。

卢森堡约有两个半香港那么大，人口近40万，处在法国、德国、比利时等国的夹缝中，这么一个袖珍的国家，经济实力却颇为强大，当地的居民大多富得流油。卢森堡市仅有人口10万，却驻扎着100多家在国际上排得上名号的大银行。过去的工业主要以钢铁业而闻名，随着国际经济环境的变化，市场对钢铁需求的减少，政府及时调整产业结构，现在是农林牧副渔全面发展。国内平均每个居民家庭拥有两辆汽车，所以街上几乎见不到"的士"。

卢森堡人做菜善于精烹细作，选料讲求新鲜，每餐除了必有的肉类菜外，还须配好几道蔬菜，面包的品种则丰富多样。

卢森堡可谓是美食天堂，市区食肆林立，世界上有影响的风味食店在这里都可以找到，仅中餐馆就有100多家，且档次不低。

商家云集　气魄宏大

博览会大厅与烹饪大赛都设在卢森堡国际展览中心。展览大厅分为A、B、C、D四个区，每个区又分为A1、A2、A3、A4四个小区，我们一进博览会大厅，就被一幅广告画吸引住了，一只淡黄色的肥壮公鸡，被一只有力的大手握着脖子，下面一行小字标着公司的牌号，没有一句多余的话。紧接着，便是几只硕大的铁笼，里面放养着珍珠鸡、火鸡、乌骨鸡、肉鸡等鸡类家禽，活蹦乱跳，打鸣高叫，再往前走便进入"正题"。一只冷柜里，不同品种不同部位的肉鸡产品琳琅满目，冒着冷气，透着浓浓的新鲜感。接下来是一家菌类公司的展位，走进一间人工搭制的房子内，仿佛钻进了一个阴森潮湿的山洞，在昏黄的灯光下，一簇簇带着泥土芬芳的鲜蘑正在茁壮成长，有的如盛开的鲜花，有的刚刚探出芽头，有平菇、香菇、牛肝菌、金针菇等许多品种。紧挨着蘑菇房的是一家肉肠公司，三间圆木搭成的木房内，除门外墙上挂着的几杆猎枪、弓箭、兽皮衣外，屋内三面墙上，都一排排挂满了各式灌肠，有的细如小指，有的粗若合抱的大树。门外，几位身穿猎装的小姐和先生，手托银盘，银盘内是腊香扑鼻的香肠，参观者可随意品尝。

我们边走边看，边走边吃，穿过A区，刚刚踏进B1区，目光便被一片看台式的蔬菜展台吸引住了，这个蔬菜展台，呈扇面梯形，由左至右约长百米、高5米有余，由不同品种的蔬菜组成美丽的图案，蔚为大观。

在展台下方，上千平方米的地面上，竟种上了一排排、一行行整齐的圆白菜、盖菜、胡萝卜……穿行其中,仿佛走进了农家的菜园。看罢说明才得知,这是荷兰一家蔬菜公司的展位。此次大赛,吸引了全球数百家公司来此参展,除了直接食用的蔬菜水果、肉类、奶类、调料外,还囊括了厨用服装、炊具,新型家用、商用厨房设备和家具。

大赛归来话得失

中国队选手和团员在杨柳团长的带领下参加开幕式

大赛会标与奖杯

笔者和几位中国队主力选手在一起

大赛评委黄振华（左） 参赛各国的菜品展台
评分一丝不苟

当地时间，1998年11月6日18：30，烹饪世界杯大赛组委会在卢森堡展览中心举行了隆重的开幕式。卢森堡国家旅游部长、卢森堡市市长、卢森堡组委会主席以及100多名选手、来宾出席了开幕式。中国队全体选手和团员在杨柳团长的带领下，高举国旗参加了开幕式，受到了热烈欢迎。

本届参展的中国队队员，来自无锡美丽都大酒店、无锡锦江大酒店、无锡烤鸭馆等几家单位。参赛品种有脆香银鱼、北京烤鸭两道热菜，面点品种有奶酥甜点。同历届烹饪世界杯大赛一样，除了现场制作、现场展示外，还同时进行了现场销售比赛。在11月8日的现场销售比赛中，中国队的菜品销售了130多份，获得了食客的广泛好评。

遗憾的是，由于某航空公司货运处的失误，未能将我国参赛选手所用的烤鸭炉等工具以及原材料按合同规定如期在赛前运抵卢森堡，致使参赛选手由于缺乏称手工具及原辅材料，因而未能赛出应有水平而失去了夺金摘银的机会，仅夺得了铜牌。

中国队在28箱货物未能如期运抵等情况下，仍然保持旺盛的参赛斗志，全力以赴，想方设法，勇夺团体铜牌，充分体现了中国厨师不怕困难，敢为人先，奋力拼搏的精神。参加此次大赛，也使我们对世界各国的餐饮水平增加了感性认识，厨师们也获得了一次难得的交流技艺的机会。但是，参赛队员们也深感由于经验不足，临场发挥得不理想，致使比赛成绩不佳。总结起来，有以下几方面经验教训。

（一）亟须提高厨师队伍的整体文化素质

许多外国友人对中餐津津乐道，中国菜的美味曾给许多到过中国的外宾留下了难忘的印象。但中国的厨师一般只善于制作，由于语言上的原因，能操一口流利外语的厨师不多，这样就限制了中外饮食文化的交流，现场烹饪技艺交流的成果也就大打折扣。外国同行们对参赛的中国菜肴在创新、难度、技艺、营养等方面的了解也就无从谈起。这也导致外国同行对中国菜缺乏了解，影响到比赛成绩评判。因此，我们必须抓紧中国厨师的队伍建设，提高他们的整体文化素质，加强对外交流，使西方了解中国，使中国的烹饪艺术真正走向世界，进而融入西方人的生活。

（二）菜肴的造型艺术与实用性相结合

中国选手的参赛菜品

毋庸讳言，参赛的目的，除了交流技艺，夺牌也是此行的目标之一。参加四年一次的烹饪世界杯大赛，如何能够既让各国评委首肯，得到高分，又能保有中国菜的本色本味？我们在参赛作品的定位和构思方面，一定要从创新力度、造型难度及实用性等方面加以思考，突出中菜西吃的原则，针对评委状况，在菜的质量、数量等方面认真把握，在此基础上，加强实用性训练。一位光临展台的外国评委曾说过："即使菜做得很精致，缺乏实用性也无疑会失分。"因为现场销售就是厨房面对消费者的现场考核，技艺难度是评分的一个方面，而实用性所占的比例更大。如何将造型艺术、创新力度和实用性相结合，是摆在我们面前的一个值得深思的问题。

（三）菜肴的保鲜水平亟待提高

在本届烹饪世界杯大赛中，我们看到，我国的食品保鲜水平与美国、加拿大、新加坡等国相比仍有一定距离。尤其在20个每日展台上，某些国家的展示菜品历经十几个小时，丝毫未见变色、变形，令人叫绝。在这方面，我们还有许多工作要做，也可会同有关食品工业部门联合攻关，迎头赶上。

纵观此次大赛，我们有所失，也有所得。失掉的是摘金夺银的机会，而得到的除一枚宝贵的铜牌外，更得到了许多在国内得不到的经验。厨师们的眼界开阔了，思路拓宽了，见识增长了，实用意识也增强了。可以这么说：此次卢森堡之行，在诸多不利因素的影响下，在世界33个参赛国家和地区、400多名选手、800多家酒店的角逐中，我们夺得了这枚铜牌，其意义已远远超出了奖牌的本身。

——原载于1999年1月《中国烹饪》杂志

2007 博古斯世界烹饪金奖大赛：24 国神厨里昂打擂

里昂的冬天并不冷。虽说是隆冬季节，城里城外依然处处绿荫森森、芳草萋萋，分外养眼。但如果是个人来法国里昂旅游，那最好还是不要在这个时候来。2007 年 1 月 20 日至 24 日，正是两年一度的法国国际酒店、餐饮、食品展（SIRHA）在里昂的欧洲展览中心举行的日子。展览规模宏大，包括各类餐饮用食品、饮料及应用于咖啡店、餐厅、酒店的厨房用品，器材设备。本届展会的参展商数量近 2000 家，短短几天内，来自 120 多个国家的专业观众达到 70000 多人次。你想想，里昂全市人口仅 40 多万，搁在中国，也就是一个县级市的规模，一下子涌进这么多人，如潮水般顿时将里昂大大小小的酒店、宾馆全部填满，酒店、餐饮、交通等价格自然也是水涨船高。

里昂是法国奥弗涅－罗纳－阿尔卑斯大区的首府，人口不多，却是法国重要的工商业中心之一。城市位于法国东南部，罗纳、索恩两条大河流贯穿其中，自古以来就是法国水陆交通的枢纽，又是连接欧洲的重要十字路口。里昂的纺织业、机械制造业、电子电器业、化学工业、制药工业、重型车辆等工业非常发达，它还是欧洲历史上著名的金融中心。里昂拥有丰富的旅游资源，有"世界美食之都"的美称。

博古斯：世界美食之都的领航者

我们的此次法国之行，是专为参加 2007 年第 11 届法国博古斯世界烹饪金奖大赛而来。一行人由中国烹饪协会秘书长冯恩援为团长，广州中国大酒店西餐厨师长龙伟彦为裁判员，上海国际会议中心东方滨江大酒店玛蒂涅西厨房主厨居颖辉为参赛选手、玛蒂涅西厨房厨师助理南梅为助手,团员中还包括北京东方烹坛文化发展中心总经理吴敬华、北京威斯汀大酒店西厨领班刘畅,我作为媒体代表也有幸躬列其中。

承法国欧亚通公司总经理赖春玲女士的大力协调,我们好歹住进了里昂市靠近市中心的一家名为 HOTEL DU SIMPLON 的旅馆。我和刘畅一室,每人每日住宿费75欧元,如果按汇率一算,两人加起来合人民币1500多元,这样的费用在北京、上海的五星级酒店都可以昂然直入。而在里昂,这样价格的房间也就是10平方米左右,大冬天的白天暖气会停;想喝开水,绝对没有;电视是我国30年前常见的12英寸的彩电,可选台数不超过5个;最令人难以置信的是,每天早上的免费早餐,永远是1杯橙汁,2块面包(1块牛角面包加1块外皮坚硬的法式面包)、1杯茶(或1杯奶、1杯咖啡)。第一天吃时还觉新鲜,三五天吃下来,可就像书上说的,"嘴里能淡出鸟来了"。难道这就是"世界美食之都"?

早餐如此,午餐又如何?入住旅馆不供应午餐,得到外面的餐馆解决,里昂的餐馆多如牛毛,不乏世界各地风味的餐馆。在里昂的三四天里,我们将旅馆周围的几家中餐馆、伊斯兰风味餐厅、法国餐馆吃了个遍。相对而言,伊斯兰餐厅最为便宜,一大盘烤肉面条蔬菜之类的杂烩仅七八欧元;中餐馆的味道还说得过去,但一般也得20欧元左右,而且菜肴的分量不多;在正经的法国餐厅吃一餐,一般都得25欧元以上,一般包括开胃汤、沙拉、两道牛羊肉或鱼之类的主菜,考究点的,还有甜点和咖啡。

在里昂,我们曾随意在旧城市中心地带的一家餐馆吃过一餐,这家餐馆外立面是雕饰精美的石墙,餐厅内顶饰玄色巨木,白墙上满是鲜活的花草，30平方米左右的厅堂，居然放了11张长短不等的餐桌和一张精致的酒吧台，客人落座后，整个厅堂变得水泄不通。客人各自点菜，我点了头道开胃洋葱面包汤，主菜是羊肉卷配土豆，甜点是烤苹果，最后是咖啡，加上小费一共28欧元。为我们服务的只有一位棕发碧眼、身材高挑的法国女郎，她要负责满屋客人的点菜、传菜、结账，五六十位客人所点菜肴各有不同，这位小姐依然是游刃有余，左右逢源，丝毫不乱，实在让人叹为观止。每当她将烹制精美的菜肴悄悄地放在客人面前时都给予一个满是笑意的眼波，让人顿时将等待的烦恼化为乌有。通过翻译，我们和她进行了交流，当她得知我们是专为参加博古斯大赛而来时，她高兴地拿出了一张博古斯大赛组委会寄来的参观券，原来，里昂大大小小几乎所有的餐馆都收到了这样的邀请。

博古斯：一个天才厨师的传奇

世烹赛的发起人、当今法国公认的厨艺泰斗保罗·博古斯先生

既然是专为博古斯世界烹饪金奖大赛而来，就不能不说说博古斯先生。保罗·博古斯是博古斯烹饪大赛的发起人，也是当今法式西餐界公认的厨艺泰斗。他1927年生于法国里昂近郊一个叫Collonges-au-Mont-d'Or的地方。1941年至1958年间，他在多所法国厨艺培训学校学习，之后服务于数家法国著名餐厅。精湛的厨艺使其自1965年以来，连续41年获得米其林一颗星的最高荣誉。多年来，保罗·博古斯一直积极致力于推动法式西餐的发展：开办餐厅、创建餐饮培训学校、撰写烹饪书籍，其功绩不仅得到了业内的一致认可，更获得了法国国家政府特别颁发的"国家荣誉勋章"。

趁着大赛还未进行，我们曾专程驱车去市郊的两家博古斯餐厅一游，亲身感受一下博古斯餐厅的风采。先去老店。这是一家乡村别墅式的小三层石质建筑，远远地"PAUL BOCUSE"几个大字耀人眼目，近了，能看见红绿相间的墙壁上彩绘的一盘盘美馔佳肴，还有一位头戴厨师帽的老人正笑迎着来往的人们——难道他就是闻名遐迩的博古斯大师？还真是。走进院子，长长的院墙上，扑面而来的是十几幅真人大小的博古斯大师的事迹彩绘，门前的条石上，铭刻着历届博古斯世界烹饪金奖大赛中获奖的选手的名字。看看时近饭点，我们想进入就餐，门前身披红色大氅的黑人门童告诉我们：在此就餐须三个月前预订，且每人就餐标准不能低于100欧元。透过后厨大大的玻璃窗，看着众多厨师们忙碌的身影，我们只得抱憾而去。另一家博古斯餐厅相隔不远，以接待大型宴会为主，数百平方米的大厅内，四壁是精美的不同题材的油画，几十盏蜡烛和树枝形吊灯，演绎着金碧辉煌下的纸醉金迷。

博古斯：大赛正未有穷期

1月23日，第11届法国博古斯世界烹饪金奖大赛的帷幕拉开，来自世界各国的选手和裁判纷纷上台，大赛正式开始。

比赛设在欧洲展览中心的3号厅，能容纳千人的阶梯式观众席上，各国啦啦队在摇旗呐喊，为选手助威。舞池前方，贴有各国国旗的12间小屋内，领口绣有国旗的各国选手正在紧张地操刀弄铲。

2007博古斯世烹赛现场

在音乐声中，各国评委穿着统一的制服隆重出场，主持人一一为之介绍；在评委坐定后，保罗·博古斯先生在总裁判长和上届冠军的簇拥下缓步登场，并一一与各国选手、评委合影。博古斯先生虽然八十多岁了，依然精神矍铄，在各国记者的闪光灯下，双手抱胸，自信满满。此次大赛他任大赛创办主席，同时兼任大赛督导。他和大赛总裁判长及上届冠军同坐在总裁判席上，接受媒体访问，对比赛进行评论，对选手作品进行介绍，他们的发言生动活泼，风趣幽默，充满感染力。

共有24支代表队参赛，为保证评判的公正性，评审团由24国各派出一名资深裁判组成。我国评委龙伟彦是广东省人大代表、全国劳动模范，曾在瑞士、美国工作，英语对话熟练，为人诚恳谦虚。

参加比赛的每位选手需做两道菜：一为鱼菜，由展会举办方提供的大比目鱼1条、帝王蟹2只及选手自由选择原料的三道配菜；二为鸡菜，由布雷斯法定产区生产的每只1.6~1.7千克的鸡4只，另加三道配菜。每位选手经过5个小时的紧张拼搏，在规定的时间内使出了自己的拿手绝技，将最完美的作品呈给最挑剔的评委。

我国选手准备充分、工艺精湛、用时准确（在限定5小时30分的时间内提前10分钟完成作品）。他们为此付出了大量辛勤的劳动，选手居颖辉6个月没有好好休息，体重减少了好几公斤；助手南梅只有20岁，是24国选手中唯一的女选手，小姑娘沉着冷静、动作麻利、节奏有度、十分得体，引得评委长时间驻足观摩。现场工作人员均统一着装。每一位选手制作过程都可以参观，每道菜也都由监理大厨隆重地送到评委前观摩。每一位评委都有一份菜当众品尝，一份一人量菜肴则用于照相，大赛不设展台，人们的视点是比赛现场。

比赛吸引了全球300多家媒体出席，其中包括90多家电视台。现场有大型屏幕投影展示转播，动感十足。大赛组委会对各国媒体颇为优厚，有专为媒体设立的区域，如停车场、餐厅、休息室、通讯室……这些设施为记者们的采访提供了便利，但众多媒体人员的加入，也使现场有利地形的争夺达到了白热化。

中国选手制作的参赛作品"大比目鱼卷帝王蟹"

中国选手居颖辉、助理南梅以大比目鱼卷帝王蟹及开心果布雷斯鸡挞两款精美的菜肴夺得大赛七项奖项中的最佳助手奖。

本次大赛的金奖得主是法国队、银奖得主是丹麦队、铜奖得主是瑞士队。鱼类大奖和鸡类大奖的得主分别是挪威队和瑞典队，日本获得文化特色奖和最佳海报奖。我国选手总成绩723分、排名第17位，第一名法国队总成绩968分，第24名俄罗斯队总成绩614分。

崇尚时尚优雅、追求高品位生活，已成为现代都市生活的主流。在服饰领域引领时尚潮流的，不是在璀璨的灯光下，在铺满红地毯的T型台上，那一个个如仙人下凡的金童玉女，而是那些最后才出场的服装设计大师。在各国大小都市成千上万的餐馆中，能够挑起人们的食欲，引领餐饮潮流的，不是那些挑肥拣瘦的食客，而是那些藏身在不锈钢世界的厨房中，辛勤操作的大厨师们，是他们在悄悄地掌控着人们的味觉，掀起了一阵又一阵流行食风……

今年世界的流行食风是什么？或许，答案就在两天来出场的各国选手的作品中。让我们拭目以待！

——原载2007年4月《餐饮世界》杂志

北京人到纽约：中国饮食文化大交流

自打那年看了《北京人在纽约》，就惦记着什么时候能去美国看一看，此次的美国之行，实在是有点喜从天降、天从人愿的味道了。

坐上美国大陆航空公司CO088航班，经过10多个小时的颠簸，终于来到了纽约，告别了各位空嫂、空叔，还有那位犹如开战斗机，驾驶风格极其生猛的机长，2012年2月12日傍晚，坐上了当地旅行社安排的中巴，我终于感到是踏踏实实地站在美国的国土上了。

纽约，一次技惊四座的精彩表演

中国驻纽约总领事馆商务参赞徐兵先生、杨柳会长和大师们在一起

我们世界中国烹饪联合会美国考察团一行，由团长世界中国烹饪联合会会长、中国烹饪协会常务副会长杨柳，副团长杭东林，秘书长尚哈玲和几位中国烹饪大师及国内知名餐饮企业负责人30多人组成。全部入住在一间可观纽约全景，距时代广场不远的万豪（New York Marriott Eastside）酒店。入住的第二天，由世界中国烹饪联合会和中国

烹饪协会联合主办、唐河文化传播有限公司承办的2012年全美中餐烹饪文化、技艺交流大会就在美国纽约万豪国际酒店隆重拉开帷幕。

此次交流活动得到了美国当地的广泛重视和知名媒体的高度关注，美国劳工部前副部长莫天成先生，中国驻纽约总领事馆参赞徐兵先生，纽约市、佛罗里达州政府官员以及来自美国各州的近200名中餐业同仁出席大会。中央电视台、《星岛日报》《世界日报》、纽约中国广播、《华尔街日报》、Nation's Restaurant News、Food Arts、Food & Wine Magazine、Restaurant Business Magazine、ICN、NDTV等20余家知名媒体对活动进行了现场全程跟踪报道。

本次交流大会以"魅力中餐、文化盛宴"为主题，四位来自中国的顶级烹饪大师，为交流大会献上了精心准备的菜肴并做了精彩的演示和讲解。中国第一位在奥林匹克世界烹饪大赛中获得金奖的厨界泰斗级大师李启贵，演示了被誉为"天下第一美味"的"中华八珍宝鼎"和"清烹牛柳丝"。来自中华老字号全聚德的苏建国大厨，刀下生花，以娴熟的刀工，在大拼盘中展现出了一幅百花盛开的立体冷拼"迎宾花篮"。樊胜武大师演示了造型美观、清爽利口的"五彩鳜鱼卷"。擅长将传统技法和现代饮食潮流相融合、多次在北美地区进行表演的吴永东大师演示了一道精致的面点——"丰收果"。

四位大师的表演，在展示中国烹饪精湛的传统技艺的基础上，揭示了菜肴背后蕴含的深厚文化底蕴，赢得了与会嘉宾的认可和阵阵掌声。以餐饮为媒、以烹饪为载体，在美国公众面前展示了中华餐饮文化的魅力。

在活动现场，杨柳会长在接受多家媒体采访时指出："世界中国烹饪联合会作为权威的国际性中餐业组织，中国烹饪协会作为中国国家级的餐饮行业协会，推动中餐走出国门，让世界各国人民共享中餐这一健康美食,是我们义不容辞的责任。本次交流大会不仅展示了中国烹饪的传统技艺,让美国人民领略到了中餐的独到之处,促进中美餐饮文化的互相借鉴和融合,我们更希望以餐饮为平台,从一个侧面展现中国五千年灿烂文化的无穷魅力,吸引更多的美国朋友关注中餐、关注中国的传统文化,搭建起中美两国人民更广阔的文化交流平台!"

曼明都,一场中餐技艺交流暨新年狂欢

杨柳会长和美国餐饮界代表合影　　笔者在中国烹饪大师技艺交流盛会上做准备工作

纽约时间2月14日晚,杨柳和考察团一行同美国各州的中餐企业代表近400人,在华人聚居区的曼明都大酒楼,举行中餐技艺交流活动暨中餐业界庆祝农历新年联欢会。中美餐饮界人士共聚一堂,共话友谊,共谋发展。本次交流活动由世界中国烹饪联合会主办,美国餐饮协会协办。

美国餐饮协会何德兴会长致辞时指出,历年来,通过和祖国人员往来与技艺交流活动,不仅大大促进了美国中餐业的创新发展,更重要的是提升了中华美食在美国的地位,推动中华美食向国际进军的步伐。

杨会长在致辞中强调，通过在美国的访问与美国餐饮界的交流切磋，也有助于中华传统美食推陈出新，走向世界，借助中国美食，传播中华文化，通过美食交流，架起一座中美两国人民友好往来的友谊桥梁。

　　交流会上，中国著名烹饪大师李启贵先生现场表演了中国传统手工拉面的绝活，大师的精彩表演赢得了在座嘉宾的喝彩，真正体现出了拉面绝活中的三项要素：一要抻不断；二要细如丝；三要能点燃。吴永东大厨即席示范表演了吹面气球等具有中华美食特色的菜式，技惊四座，和观众们的互动，把交流活动氛围推向了高潮。

　　农历新年，只要是有华人的地方，总少不了威风凛凛的舞狮，这次也不例外。这边厢，在舞台及餐桌间，两只不安分的狮子，在威风锣鼓的引领下，一会儿目光狰狞，上演了狮王争霸；一会儿平和安详，又玩起了狮子滚绣球，来宾们慷慨解囊，纷纷向"狮子"大嘴中喂起了红包。那边厢，几位人高马大、身材妙曼的白人女子，跳起了欢快的肚皮舞，几位来自国内的大师和老板，也兴致勃勃地加入其中，一同翩跹起舞……

Buddakan，一家颠覆中餐概念的中餐馆

Buddakan 餐厅大堂　　　　　　Buddakan 餐厅的春卷

在纽约周边地区，随同杨柳会长参加了规模大小不一的几次宴会，印象最深的，还是在纽约16街和第九大道之间的一家名为Buddakan（看佛）的中餐馆。

要不是有当地华人指引，从大厦的外表来看，你绝对想不到它是一家餐馆，而且还是一家中餐馆。两扇朴实无华的黑漆大门，没有飞檐画栋，没有五彩霓虹，更没有花枝招展的迎宾小姐，要不是门旁挂着的一块行李箱大小的招牌，上书Buddakan Restaurant，标明了它餐馆的身份，你还真不敢随意推门而入。

进入餐厅，里面光线暗淡。楼堂上下，只有长条桌上三三两两摇曳着的烛光，映照着客人忽明忽暗的脸庞。门口，十几位客人或端一杯热茶，或端一杯苏打水，在静静地等座。就餐者大多是金发碧眼的西方人，没有高声喧哗，没有行酒，没有猜拳，有的只是窃窃私语和刀叉相碰的金属声。

服务员中没有一位美欧中餐馆内熟悉的亚洲面孔，一水的白人金童玉女，脚步轻盈，健步如飞。我在门口闲得发慌，便忍不住拿起了菜单一睹芳容。

菜谱很简单，没有铜版纸印刷的彩色图片，薄薄的两页纸头，分为七大类，满打满算，只有35道菜点。分别为MEAT（肉类），价格26~29元，这里我说的都是美元；FISH（鱼类），24~36元；POULTRY（家禽类），22~44元，NOODLES（面条类），10~11元；RICE（米饭类），9~19元；VEGETABLES（蔬菜类），9~13元；TOFU（豆腐）12~15元。好家伙，要是每类拣便宜的都点上一道，再加上酒水饮料、饭后甜点、咖啡，怎么的也得一百美元开外了。谁说美国的中餐便宜？档次低？

好容易等到有座了，进入餐厅，好似进入了一个公共图书馆内，有几间餐厅四壁的主基调是一架架图书，室内回廊空中随处摆放着一些佛头、雕塑、中式图案的靠椅,北方四合院中的窗棂……虽说灯光暗淡,中国文化的影响还是随处可见,从家具到装饰,从宗教到书法,现代艺术同西方人的饮食习惯结合得天衣无缝。

我们点了香槟混合着日本清酒的鸡尾酒和浓厚的啤酒,不喝酒的女士点了水果茶;随着生菜沙拉、炸春卷、翡翠虾饺、生鱼、烤牛排、大螃蟹、面条等一道道地上来,大家不由得发出一阵阵赞叹。品其味,观其形,有点大董艺术菜的影子,可口味却又迥然不同,但谁又能说它不是中国菜呢?

饭后,大家觉得这家餐馆简直颠覆了一般中餐馆的概念,总结起来,有这么几点:一是从外表上看,饭店内不设雅座包间,体现了众生平等,又由于不同于一般中餐馆的灯火通明,不仅顾客的私密性得到了很好的保护,也照顾了西方人的审美情调。二是跑堂的几乎都是当地的白人女子、小伙,他们语言上有优势,也易于和当地人沟通,这一点同美国的麦当劳、肯德基大量使用中国员工是一个道理,只是工价会有所不同罢了,不过,这或许会从移民局、税务部门处得到一点回报。三是从它供应的品种来看,它像是老式的二荤铺,又像是现代的中式快餐店;从它制作的精美和价位看,它又绝对是一高档次餐厅,而高档餐厅只供应这么几个品种,鄙人孤陋寡闻,还未听说国内有同类型的餐厅出现。四是它所有供应的菜肴,没有一个大件整只的,都是一个个小件的组合,这样既可单食,又宜于情侣间、朋友们分食,口味也是亦中亦西,中外皆宜。

有机会来纽约的中国朋友,如果要来这里品尝,千万不要忘了事先订座。

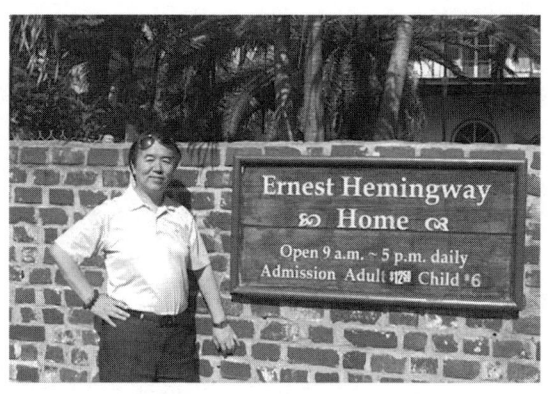

笔者在迈阿密海明威故居留影

离开纽约，我们一个猛子扎到了佛罗里达州的迈阿密，这里位于美国的东南端，银色的沙滩，蔚蓝的大海，高耸的椰林，还有散落在城市各处的温暖如春的中餐馆，几天里，我们品尝了只卖小炒米饭面条的小铺，9.5美元一客的中式自助海鲜，还接受了当地一家名为红姜的中餐馆老板吉米的宴请。

——原载于2012年3月《餐饮世界》杂志

品味法式大餐：一次带有浓郁东方色彩的晚宴

"我宣誓：决不糟蹋食物，永远细心照料所烧烤的食物，永远履行对志同道合者的义务，尊敬协会的全体会员。"这是法国美食家协会的入会誓言。前不久，该会的北京分会会员刘钊邀请我出席由该会举办的法国大餐晚宴，在法国美食家协会的简介中，我看到了上面这段很有庄严意味的文字。

晚宴设在北京东郊的丽都假日饭店。当我缓步走进饭店二楼西餐厅，宴会还没有开始，在宴会厅外的小酒吧，我要了一杯软饮料，一边和人寒暄，一边打量着今晚的来客。

在不大的酒吧间，聚集了五六十位来自五大洲、操各种语言的客人。男士们几乎清一色的黑色晚礼服、白衬衣，高雅华贵；女士们的礼服五彩缤纷，浪漫飘逸，那透纱层叠的塔裙，那优雅的露肩长上衣，那独特时尚的贴身长裙，令人心旌摇曳，款款走动，如同一场高水准的时装展示。

晚7时整，宴会正式开始。随着宴会大厅的大门洞开，一阵热烈的掌声迎面扑来，两列由服务小姐、服务先生组成的队伍热情地欢迎今晚的嘉宾，在轻松、欢快的迎宾曲中，客人们步入餐厅。

透过柔和的灯光，我将这餐厅上下打量，这间餐厅与以往常见的西餐厅迥然不同，整体氛围一派东方情调，没有常见的铜铸的西式武士、古典弓箭、盾牌，也没有让人看不懂的洋文字母，甚至连西餐厅中常见的帆船、船舵也没有一只，有的，倒是一些中国传统的景泰蓝、大折扇之类的工艺品。

在宽敞明亮的西餐厅，从左至右，如雁行般，摆放了7张餐桌，不是西餐厅中常见的"一"字形长台，也不是"T"字形、"门"字台、"工"字台，一律为中式圆桌，团团圆圆，一团和气。每张圆桌的中央，除了摆放着色彩缤纷、姹紫嫣红的鲜花，还摆放了各种形制、精心制作的花灯，题材选自中国、日本、东南亚等地的著名建筑、人文景观，在灯光的照耀下，缓缓旋转，耐人寻味。

我落座的这桌，中间的主题花灯是一件日式大宫灯，宫灯的四壁，除了绘有碧瓦朱甍的宫殿，还有云发丰艳、娥眉皓齿的歌伎，身披和服、肥硕孔武的武士……几件日式宫殿建筑和花木围绕的低矮茅屋，围放在宫灯周围，在一条紫红色绸带的环绕下，组成了一座小小的日式园林，让人赏心悦目，暗暗称奇。

在花灯和鲜花的外环，是各人座前的刀叉、杯碟、烛台，在晶莹夺目的杯盏之间，有一只拳头大的玻璃球引起了我的兴趣。一位服务员走来，不知按了一下哪儿的开关，玻璃球亮了，原来是一盏漂亮的内画灯。这灯上最引人注目的是气吞山河、巍峨壮丽的万里长城，长城旁，点缀着主办者的会徽、饭店的店标，令人意想不到的是，今晚的菜单竟然也位列其中。这样考究、奇特，带有典型东方文化色彩的菜单，是不多见的。这一切由不得让我这吃惯了中餐、对西餐仅略知皮毛的中国人分外亲切，一下子拉近了与法国大餐的距离。

不一会儿，法国美食家协会亚洲分会主席古载礼先生（Gassam Gooljarry）致辞，他简单地介绍了一下今晚的嘉宾、宴会礼仪，并特地向大家介绍了今晚主厨的几位法国大厨，末了，祝大家有个好胃口。

在玻璃杯清脆的撞击声中，和着欢快的乐曲，餐厅四周的几扇边门同时打开，前面款款走来的，是身着亚洲各国民族服饰的服务小姐，后面紧跟的，是穿着黑色燕尾服、系着黑色蝴蝶结的服务先生，手举托盘,同时向各自服务的餐桌走来,先随着乐曲绕桌一周,再按顺序将托盘中的菜肴放入各位宾客的面前,那整齐、优美的步伐、动作,犹如一场高水平的演出。

呈现在美食家们面前的第一道菜是凉菜"水晶龙虾",色调明晰清爽,晶莹剔透,味道鲜咸,口感爽滑柔润。

吃完这第一道开胃菜,按照西餐的规矩,下一道菜该是上汤了。在吃热菜前喝汤是西方人的习惯,因为西餐汤多用酸味调料,喝汤能刺激胃液的分泌,据说此举有助于消化,而中国人的宴席大都是最后才上汤。服务员笑盈盈地端来了第二道菜,笔者一看,竟然不是汤菜,又是一道凉菜,"鱼子酱笋尖",芦笋碧绿、脆嫩,鱼子酱乌黑油亮,菜肴造型恰似树中温暖的雀巢。

不是汤,正中下怀。刚好借此下酒。服务员倒上了红葡萄酒。这红红的酒液在灯光映照下,通过玻璃杯上的刻花折射出诱人的光芒,美感倍增,端起来摇晃一下,放在鼻下,那股芬芳馥郁的气息,让人未饮先醉。

终于来了一道热菜,名字很古怪,"带有鲜香草味汁的烤虾",这道菜主料除了大虾,还配有龙须菜、香草,调味汁以奶油少司为主,最为奇特的是它的盛具,竟然选用了中国海南岛出产的椰子壳为盛具,细细地品味汤汁,有一股淡淡的椰香,品味其中,人们仿佛置身于南国海滨,徜徉在茂密的椰林中,倾听着大海的波涛……

接踵而至的,是寒意逼人、晶莹透亮的"佛手冰糕",那用纯冰制成的玉手,托着盈盈的一团肉桂色香草味冰糕,美不胜收,不由得让人联想起大慈大悲的千手观音,一下子坠入禅宗佛境之中,不禁念叨起"酒肉穿肠过,佛祖心中留"的名句来。

接下来的几道菜依次为"酸甜汁牛仔肉卷""蛋白杏仁饼加水

果""各种精致巧克力",最后是咖啡或茶。整个晚宴虽然仅有七八道菜,但从中不难看出,几位司厨的法国大厨是用了心思的,宴席菜点除了在烹调方法上尽力多样、口味上富于变化,在菜肴的色调方面也力求清爽明快、柔和协调。更为难得的是,他们在上菜程序、菜点安排上,打破了原有的规则,使之更适合于东西方各地宾客的需求,这种创新意识,是难能可贵的。

  一位法国烹饪大师曾说过:"发现一道新菜,要比发现一颗新星给人类造福更大。"有了这种创新精神,有了这种为人类谋幸福的精神,什么人间奇迹不能创造出来?

——原载于1999年4月《中国烹饪》杂志

品闽味

初到福州,就赶上了阴雨天。雨中的榕城,显得格外妩媚。我与福州的老同学刘兄相约,同到馆子里撮一顿。

"佛跳墙"和"渔家宴"

我们沿城区转悠,福州的饮食业相当发达,饭店、酒楼几乎一家挨一家,许多店铺的门口,都写着斗大的"佛跳墙"三字。最逗人的是,几家只卖烟酒、酱菜的小店门口,也写上了这三个大字,不知何意,也可算一奇事。

我们挑了一家名曰"渔家宴"的馆子,店内,除了装饰有渔网、桅杆外,居然还真有三条小渔舟,船棚内,设有桌椅。既来之,今日索性就作一回"渔翁",品一下闽菜了。

在船舱内坐定,有船娘打扮的服务小妹送来菜单,我们点了牡蛎炒蛋、白炒香螺片、红焖狗肉、鸡汤氽象蚌等菜,刘兄向我推荐了田鼠干,我倒很想尝尝,可惜小妹说已没有,只得作罢。

首先上桌的是白炒香螺片,雪白的螺片,配上香菇、冬笋,装在粉丝做成的雀巢内,这种吃法,恐怕不是普通渔翁所能享用的。那香螺片,片片厚薄划一,既脆又嫩,妙不可言。

香螺片才刚刚动筷,小妹就又端来了牡蛎炒蛋、红焖狗肉。炒鸡蛋恐怕人人会做。不过,这儿的炒蛋有些特别。如今馆子内的炒蛋通常都是淡黄色,而这家馆子的炒蛋却是金黄色,整块平卧盘中,透出一股淡淡的焦香,一尝之下,鸡蛋鲜香,牡蛎柔嫩,称得上质鲜味美。我想这固然和牡蛎新鲜有关,但也可能是选用的家养鸡蛋,抑或是用鸡油所炒？红焖狗肉装在一个小坛子内，打开坛盖，一股奇香扑面而来。狗肉是带骨的，软烂适度，最奇的是它的配料，仅有一味，甘蔗，这真应了那句"靠山吃山，靠海吃海"了，闽地的甘蔗，俯拾便是，以甘蔗的甜、鲜，中和狗肉的腥膻，可谓是相得益彰了，闽厨的聪明，当不在外邦厨师之下。

餐厅内人声喧嚣，而船舱内却是闹中有静，咂着微带苦涩的啤酒，品尝着鲜美的闽味佳肴，我和刘兄不禁又回忆起十年前同在扬州大学求学时扬州西便门的阳春面、盐水鹅来，真恍如昨日。

福州的小吃

每次出差在外，除了有人宴请，可以吃大鱼大肉外，平时对付一日三餐的，多半是当地的小吃。在我住的这家旅馆对面，就有三四家小吃店。每日早餐，除了豆浆、油饼外，还有许多福州的小吃，如各种粿、锅边糊、光饼等。就是普通的面条，做得也很出色。有一次，我要了一碗花蛤面，厨师便做得很仔细。我看他现切了肉丝，配上一点雪菜，又抓了一大把花蛤，在锅内飞快地炒起来，放酱油，放糖，这边锅内已下好了面条，打上一大勺骨头汤，将炒好的花蛤盖浇倒入面条。这样的一碗面，也只要五元钱。

有一日，刘兄听说我爱吃小吃，特地邀我去福州东街的"美食园"。

"美食园"不算很大，华丽的厅堂座无虚席，楼上，敞开的灶头就在厅堂一角，客人可以看单点菜，也可看样自取，犹如街头的大排档，但少了街头排档的几分尘土，多了几分清洁、雅致。

既然敢自称为"园"，自然是美食林立之所了。平心而论，这里供应的小吃点心品种着实不少。除了整套品类已够丰富的粤式茶饮不算，还有福州的捞化、牛杂、蛎饼、虾酥、锅边糊、光饼、煮线面，广东的虾饺、煲粥、香芋饺、雀巢杯，北京的豌豆黄、葱油饼，四川的担担面，扬州的月牙饺，国外的沙嗲牛肉串、九层奶油糕等上百种地方小吃。将如此之多的面点小吃荟萃一堂，任人随意挑选，客人所费不多，每次都能吃个新鲜，不重样。难怪这儿的食客之众，反过来，那园主的生意门槛之精，从中亦可见一斑了。

——原载于1998年3月《中国旅游》杂志

古运河畔"老店"新张

去年年末,应淮安的老同学冯祥文、毛玉平之邀,去了一趟淮安。二十多年前,我曾就读于淮安商业技工学校烹饪班,那时学校初创,没有校舍,只得暂借县商业局的房子,我们的宿舍是一溜小平房,窗户后面就是淮安城内有名的驸马巷。每天课后,溜溜达达,就能将周恩来故居、镇淮楼等名胜转上一遍,只记得那时候,天很蓝,树也很高。

此次一踏上淮安的地界,就感到一股现代城市的气息扑面而来,原来熟悉的街道消失了,一些耳熟能详的老店也已了无踪迹。

正当我暗自神伤、独自惆怅之际,老同学打来电话,约我到淮安淮海影剧院对面新开的"老店"坐一坐,找找感觉。

好气派的一座"老店"。

"老店"面朝西,一幅巨大的中国画古色古香,画中横亘着"老店"两个漆黑的大字,在夕阳的照耀下,熠熠生辉。一溜红底金字蓝带的招幌在初冬中随风飘荡,屋檐下,十几只红彤彤的鸟笼转悠着,只可惜听不到鸟儿的啾鸣……这样的外景,不要说在淮安,即使在省城、京城,怕也要鹤立鸡群了。

两位身着中式对襟、红底团花绸衣的"小厮"看到我们,立刻含笑将我们迎入厅内。

进门是一张花梨木的大香案,中间摆放着红脸关公的招财进宝大瓷像;两旁,一对青花斗彩的大花瓶;再旁边,是两只威风凛凛的金麒麟。香案前,紧接着是一张磨得发光的八仙桌,两把严严整整、精雕细刻的太师椅。

这哪里是餐厅,分明是旧时大户人家的客堂。

没敢在太师椅上久坐,转过身来,穿过一个弄堂,我直奔后面的大厅。

刚走了几步,我就不走了,我简直被镇住了,惊呆了。

要说眼前的场景,只依稀仿佛在哪部古装电影里见过:以中间的木制廊柱为中心,东西两巷的屋宇鳞次栉比,屋顶旁悬挂着市招旗帜,一色的木门木窗,黑漆斑斑。廊柱上,镌刻着一副木刻楹联:"清畏人知名益显,抑然自下德斯崇"。来来往往的食客,对楹联的内容并不在意,他们的目光,早已被吸引到了楹联后面的案台上——足有一张乒乓球桌大的案台上,陈列着平桥豆腐、清蒸河蟹、蒸咸鸡、水芹香干、葱爆河虾、酒香豆苗、老店鲍汁鸭掌、糟香螺、火腿蚕豆米、古桥酸带鱼、桂花咯喳、芦蒿臭干、生熏白鱼……不下四百种的淮扬佳肴。

在老店的西巷,有一茅屋草顶,灯光辉映中,满目金黄,与老街的方格支窗、花隔墙壁相映成趣。走在长长的、窄窄的西巷,我想起了戴望舒的那首著名的《雨巷》:"撑着油纸伞,独自彷徨在悠长、悠长又寂寥的雨巷,我希望逢着一个丁香一样地结着愁怨的姑娘……"望着挂在红砖墙边的一串串小红椒,我猜想,要真是在这里逢着一个丁香一样的姑娘,品着碧螺春,尝着淮扬菜,又有多少怨不能解,多少愁不能消……

走在老店的东巷,仿佛步入旧时歌舞升平灯红酒绿的街巷,让人何等的舒畅。慢慢地品味着厅堂中那气韵生动的雕塑艺术、淳朴深厚的民俗摆件、古色斑斓的雕版印刷,无论你步入巷边的哪一间雅舍,从舍内的不同角度向窗外望去,只见对面景色时时变换,窗框俨然画框,犹如看一卷不尽的长轴,大有"一路楼台直到山"之势。

生熏白鱼

绕牌坊,过两巷,穿街市,踩着"吱吱呀呀"的木梯,我登上了老街顶头的楼阁,品味着苦涩的浓茶,望着窗外"大街"上的市招旗帜,我仿佛看到了千百年前街市上那摩肩接踵、川流不息的人群。那做生意的商贾,那看街景的士绅,那骑在马上、耀武扬威的官吏,那叫卖的小贩,乘坐轿子的大家眷属,那在酒楼中狂饮的豪门子弟……假若时光倒流,我在其中会是什么角色?

想到这里,我不禁打了一激灵,好了,还是不要多想,多念几遍"老店"的三字诀:"吃老店,喝老酒,会老友"吧!人们常说:"衣不如新,人不如故"。同学加老友聚会,机会难得,还不好好在此痛饮一番?让那万千烦恼化作"不尽'运河'滚滚流",一去不回头吧。

——原载 2003 年《餐饮世界》杂志

丝绸古道访新味

最早接触敦煌,是在儿时的饭桌上。那时候,不管是午饭还是晚餐,不管是有菜还是没菜,老爸总要喝上几口白酒,"洋河大曲"是他的最爱。而且必是55°以上的,酒瓶招牌纸上有一个圆形的衣带飘飘、舞姿飞腾的仙女图案。老爸告诉我:"这是敦煌飞天,是在中国北方甘肃省一个遥远的洞中发现的,长大了有机会,你去看看。"

几十年过去了,我终于等到了这样一个机会。

甘肃长安餐饮经营管理公司董事长、中国烹饪名师赵长安,倾注20多年心血,研究敦煌烹饪,创立了中国敦煌菜这一新风味,对中国烹饪界来说,这是一件了不得的大事。肩负杂志的重托,我登上了西行列车。

敦煌艺境现长安

一路上遇山进洞,逢水过桥,从北京到兰州有1500千米的路程,到了兰州,已是灯火辉煌、寒意袭人的初夜了。跟随接站的长安餐饮公司营销部的张女士,我来到了位于兰州和政路的金轮宾馆,宾馆的二三楼就是制作、销售敦煌菜点的大本营——长安餐饮公司。

步入这家三星级的宾馆大厅,但见处处翠绕珠围,光彩夺目。穿过宽大敞亮的大厅拾级而上,二楼的右侧是一间平民化的火锅厅,装饰上突出了西部粗犷豪放的风格。三楼荟萃厅则设置成以家庭、朋友、情侣聊天为对象的休闲餐厅。环境设计以小桥流水、亭台楼阁的江南风格为主体,再配以名乐古曲,便将"三秋桂子,十里荷花"的江南风情淋漓尽致地表现出来,而该厅命名为"荟萃厅",意为名食荟萃，让人在闲情雅致之中，不经意地品尝到了天下美食。

走进二楼宴会厅和三楼的飞天厅，仿佛步入了敦煌的艺术世界。二楼宴会厅的入口，是一幅硕大的照片。画面上，夕阳西下，一缕金色照耀着漫漫黄沙，沙海的沟壑间，有一列健壮的驼队蜿蜒前行，整个画面在磅礴的气势里透露出生命的原始境界。小舞台以敦煌飞天为背景，画中仙女那飞腾的舞姿，那飘荡的衣带，使人忍不住在醉意中，跟着这迷人的节奏，翩然起舞，对酒当歌。宽阔的墙面上，那一帧帧仿真的敦煌壁画和穹顶上的藻井图案美妙绝伦，令人置身其间，如入圣境。

"飞天仙子"下凡间

宾主入座，桌旁站立的一位身着紫红绣金小褂的"飞天仙子"（侍女）款款走来，用一双纤巧柔软的双手为客人打开了包装餐具的餐巾纸。据赵长安介绍，此法取自敦煌莫高窟（288窟）西魏壁画中"翘三指"的手姿。在整个敦煌宴中，敦煌式服务是贯穿始终的重要章节。真是外行看热闹，内行看门道。我一边静观"侍女"们的操作，一边听着赵先生的讲解：从筷子套中取出筷子的身姿，采用了敦煌莫高窟北魏壁画的"莲花指"，整个动作连贯、流畅，犹如仙女起舞；斟茶时，"侍女"一手托住茶盘，一手压住壶盖，上下起落，将水缓缓冲入杯中，这种姿势取自九色鹿在河边饮水时忽饮忽起的警惕姿态，叫"鹿抬头"。品尝敦煌宴，从客厅装潢到餐饮用具，都是紧扣主题，匠心独运，即使这桌上的口布花，也是大有讲究。我细看每人座前的口布花，真是惟妙惟肖，听听这个名字：梅鹿回首、藻井玉兔、孔雀漫步、极乐飞天、千手观音、圣洁莲花、仙人合掌……每一个创意都源自敦煌。侍女们来给客人斟酒了，那拿酒壶的手法温文尔雅、妩媚动人，据说它的创意源自莫高窟6窟宋代壁画菩萨手持净瓶的姿势。在大家埋头品尝敦煌菜时，"飞天仙子"不时会步入人间，用其纤纤玉指为客人撰上珍馐，斟上琼浆玉液。此情此景，由不得不让人生出"不知天上宫阙，今夕是何年"的感慨。

多姿多彩敦煌宴

宴会厅的对面是通透明亮的主厨房，以一层厚重的玻璃与餐厅相隔，客人们可一边就餐，一边欣赏案上大厨娴熟的刀技，锅上大厨如同耍杂技般地前翻后颠。敦煌宴席作为全新的菜式，按其规格又分为敦煌风味宴、素宴和宾客宴。

风味宴以敦煌本地和周边地区、丝绸之路的风味小吃为主，根据宾客的不同需求和人数的多少确定品种的数量和风味特色。

素宴，根据官府、民间、寺院的不同素食进行巧妙结合和搭配，显出不同的风格特色，又可分为纯植物性素宴、菌类素宴、豆制品素宴以及荤托素宴。

敦煌宴席中的宾客宴更为丰富多彩，按其不同的规格又可分为：家宴、喜宴、白宴、贵宾宴、西式宴、中西美食酒会等。

自一代风流人物张骞出使西域以来，在两千多年的历史长河中，绵延曲折的丝绸古道孕育了多少优美的传说和动人的故事，显现过多少惊心动魄、波澜壮阔的历史画面。这些优美的故事和传说许多被反映在敦煌的典故和壁画中，敦煌菜典的制作者根据这些典故和壁画结合现代烹饪技术，精心设计、创作了许多色香味俱佳的菜肴，如冷菜中的九色鹿、月牙泉、麦积烟云、绿色宝石；热菜中的百花翡翠扒羊肚菌、一品大白菜、敦煌舞袖汤、葱岭翠玉、铁盘煎羊排、天祝烤羊腿、石烹黄河鲤等。以上所列菜肴，均可圈可点，颇有其独到之处。

以"一品大白菜"为例，过去在西北烹制大白菜，多用炒、熬、烩等方法，敦煌菜典的制作者一改传统技法，创造了更为简捷的方法。先将大白菜焯水，然后或与咸肉同煮，使其入味，或直接盛盘，浇卤。总之目的只有一个：简捷、好吃、易做。

此次兰州之行，可谓收获多多，一是结识了中国烹饪名师赵长安，二是一窥敦煌烹饪。虽然对敦煌烹饪的品味，无法代替对敦煌盛景的亲历，但敦煌美食带给我们的审美体验，将连同大西北淳朴的民风一起沉淀在我们的记忆深处。

看来，敦煌的梦还得继续做下去。

——原载 2002 年 12 月《中国烹饪》杂志

北京大都市的田园牧歌

周末开车到郊外去。

许多都市人早已厌倦了繁杂的城市喧嚣，内心满是田园牧歌的梦想。许多有车一族抛开一周忙碌的工作，漫步乡间小路，体验如画的风景，感受纯朴的民风，呼吸新鲜的空气，或许还可以拿着篮子到果园、菜园采摘新鲜的蔬菜水果，扛着锄头下田干活，摇着纺车纺纱织布。正午或落日时分，回到乡间小舍品尝农家的特色美食，或许还有一首首动人的歌声、欢快的舞步在回荡。这一切都已不是什么天方夜谭，在经历了多年的发展之后，中华大地上各式农家乐风起云涌。

在这个时代华美的盛宴上，我们一同追逐一场"乡"气扑鼻的美味。

在这个越来越分不清"城里城外"的时代，我们一同迎接餐饮发展的挑战。

当多数人寻求置身乡野，日闻炊烟、夜观星辰而不可得，退而求其次，追求饮食的健康便成为时尚，"农家菜"的风行也就成了必然现象。近年来，"农家菜"已经从乡村、市井走进了星级宾馆，现在安坐舒服的大酒楼、大宾馆也能让人感受到大自然的田园气息了，品尝"农家菜"，感觉很特别，内心深处总有一股细细暖流，让人顿生怀念家乡、怀念亲人的感觉。

简单来说，农家菜就是农村人家于日常生活中所烧的那些家常菜。这些菜肴所用原料有的是自家菜园里种的，有从后山挖掘的，有从墙头或院落里采撷的，甚至河沟里捕捞上来的鱼虾等；再经过厨师加工配上调味料之后，炒出来的地道农家菜。"农家菜"最关键的是材料要地道，最好是现摘现做；做法要"清"，少加油，少勾芡，尽量保持食物的原汁原味。

京城主打"农家菜"的酒店、饭馆，不说是星罗棋布，也早已是遍地开花了。综述起来，大致分为三个层次。

排在塔尖的"农家菜"馆一般规模宏大，动辄上万平方米，以京北的红太阳生态园为代表。走进红太阳生态园，除了抬头就能看到明晃晃的大太阳，餐厅内还满是热带、亚热带的奇花异草，时不时地从餐厅内的某个角落，喷出一股股清凉的水汽，使人仿佛置身于南国的热带雨林，令人神清气爽，这个由现代化蔬菜大棚改建的餐厅，果然是匠心独运，真正是冬暖夏凉。

另有如白老五农家院，是距离北京较近的农家院，面积40余亩，功能齐全，内有农家土屋数间，院中有大片的树林，树林中还有数个森林小屋，错落有序，典雅别致。白老五农家院最大的亮点是乡土气息浓厚，院中的小土屋是真正的农家小屋的再现，土屋分一明两暗，上支下开窗户，打开房门，摆在眼前的是两口大锅，屋里热气腾腾，房顶的袅袅炊烟，马上将人带入农家火热的生活，推开纯木结构的房门，会看到一张清末民初的八仙桌，两边各一个杌凳。墙上有精美的手工剪纸，靠着后沿摆放着老式条案，坐在热炕头上，让人觉得暖意融融，吃着地道的农家饭菜，唠唠嗑，叙叙旧，可以体会到20世纪五六十年代的生活场景。农家院的土菜主打的是绿色健康的农家传统食品，贴饼子、菜团子、棒渣粥，各种农家炖菜、豆腐宴、兔子、柴鸡、黑毛猪等。土得有味，土得地道！

排在中间层次的要数北京城中一大批以"农家菜"为主打的菜馆了。如小井万丰路的志欣大连海鲜农家菜，这里的甜点很有特色，味道很醇正，做工也很精细。笔者居地不远的丰台南二环外开阳路的天天鲜大连海鲜农家菜，这里的海鲜看着很生猛，品种也比较多。三文鱼刺身虽感觉一般，不够肥美，但是价格不贵。雪梨海螺煲的汤不错，生蚝烤得也很香。西红门的新八珍酒楼，农家菜系列口味也非常不错，尤其虾饺堪称绝品，此店的鱼头相当大，两个鱼头就占了一圆桌。这里的鲩鱼以"大"著称，都以1.5千克以上为准，据说搜集回来的鱼必先在清水里养过，以清除肚子里的杂质。煮法极为简单，单用清水浸熟，师傅介绍说，浸的时候水温要合适，冷热适中，才能保证肉质的嫩滑，浸约15分钟后上桌，鱼味清鲜。鱼头很好吃，不过吃太多会腻，鱼肉不蘸汁会腥。另外，陶然亭路45号的湘北农家菜，丰台区大井卢沟桥路19号的吉林农家饭庄等城中一批"农家菜"餐馆也是特色鲜明。

相比较而言，一大批收费比较低廉，真正意义上的农家菜馆，则散布在各郊区县的村落了。2007年，北京共有316个民俗旅游村，民俗旅游接待户13819户。据报道，自2006年以来，北京郊区民俗旅游接待游客已达到了626万人次，收入6.1亿元人民币，一派红火兴旺的景象。但由于郊区民俗旅游村的基础设施和服务设施相对落后，直接影响了民俗旅游接待质量和水平，民俗旅游发展呈现出了"大规模扩张，低水平发展"的状态。大潮之中，泥沙俱下，一些"农家"趁机宰客，给红火的京郊旅游添加了不和谐之音。为此，北京市有关部门将投资上千万元，整治和改善京郊民俗旅游的硬件环境。同时，市旅游局从基础建设、卫生标准等方面细化管理办法，对挂牌的市级民俗村和接待户，规定了卫生间须配有热水器，厨房要备齐烤箱、微波炉，住宿床单保证一天一换，增设停车场，餐饮收费明码标价等新内容。对不符合评定标准的接待户，将进行摘牌处理。

这是一个适者生存、充满竞争的时代；这是一个需要放松身心、回归自然的时代。好在我们除了有城市水泥森林，还有绿草芳菲、生机盎然、充满活力的乡村，还有原生态的农家菜可食，千万不要辜负了这上天的馈赠。

——原载于 2007 年 1 月《餐饮世界》杂志

烧羊肉，父亲的拿手菜

去年秋冬，据传是从河南某地进京的一款"红焖羊肉"，像秋风似的刮遍了京城的大小餐馆，其间应友人之邀，在两家还算不错的馆子，品尝了两次，说老实话，有点失望。让我不由得又想起了我父亲常做的烧羊肉来。

父亲名为李尚贤，上海宝山人，年青时学地质，后去苏北。一生好吃，能吃，会吃。一般家务事从不插手，唯独做菜一样，从不让别人插手。20世纪五六十年代，苏北沿海地区，城乡人很少吃羊肉，羊肉上不得酒席，市售的很便宜。而父亲却很少去买现成的羊肉。要想吃羊肉了，就从老乡家买回一只15千克左右的山羊，请人骟过后，再拴养一月余，喂些精饲料，就可以开刀了。这样的羊肉既不腥膻，又不会过肥或过瘦。

我不知父亲是跟谁学的杀羊，肯定不是老家的祖传。因为父亲5岁时，爷爷就死在日军侵华的乱世之中了。小时候，每每和姐弟们看父亲杀羊，总是又紧张，又兴奋。这时候，父亲总是一边刮着羊脖子上的绒毛，一边告诉我们，杀羊最要紧的，是手要稳、要准，一刀下去，就得刺破气管、血管，千万不能刺破食管，食管破了，羊胃中的食物倒流，一盆羊血算是毁了。一盆羊血，可是全家好几顿的美味啊！

放完血，接下来就是剥皮了（现在有些地方，杀羊已不再剥皮，因不剥皮的羊肉味更美）。剥皮时若不小心，破这么一点点，市售时就要降几个等级，意味着少卖几块钱。当时的一只15千克左右重的羊，市价也就30来元，而卖掉一张好皮及熬好的羊油，差不多也能到这个数——弄好了，等于白吃了一只羊。

自家宰羊，没有丝毫的浪费。光羊血就可做好几样菜：羊肠用筷子的棱角刮一刮，是灌血肠、灌香肠的好材料；羊肚肺、羊肝、羊头、羊蹄可做成羊杂碎，或干脆炒来吃。整只羊一剖两片，吊在屋子的阴山背后，冬天可保鲜月余，要吃时拿下来斩上一块，吃时有腊香。要说父亲最拿手的，还是下面这几道菜。

水晶羊膏 这菜名是我给起的，家中就叫羊膏。一般选前腿净肉，因其肉有肥有瘦，肉中结缔组织又较多，胶质厚，制成的肉膏一层一层的红白相间，形如玛瑙，好看。若是放久的羊肉，还需泡水，洗去附着的污渍，再晾干后，用小铁扦在肉上打上密密的小孔，用盐擦过，腌上。大约5千克羊肉用盐500克，家中有硝水的可撒少许，没有也可以。然后将肉放入缸中，再撒上一层盐。冬天腌的时间长些，夏天短些，但不能低于半天。羊肉腌好后，用流水泡洗干净，焯水。正式煮制时除放葱姜料酒等常规调料外，还需放入500克左右的白萝卜（随肉煮刻把钟后捞出）、一只调料袋（内有茴香、花椒、陈皮、丁香、桂皮等香料），有时为了增加羊汤的胶质，索性连羊头、羊蹄一同放入锅中，只是最后制羊膏时得将它们捞出。以上诸物入锅后，加水大火烧开，用勺撇去浮沫，然后迅速压住火头改用微火，视汤微沸时，盖上盖焖3小时。时间一到，肉质酥烂后，用漏勺小心地将肉整块捞入长方形、带边沿的盆内，撇开汤面浮沫，浇上一些原汁，压实，凉凉后即成水晶羊膏。这种羊膏切起来爽利，厚薄随意，片片晶莹。其味鲜、香，入口即酥，老年人嚼之亦不会塞牙。吃时可蘸麻酱油，不蘸，亦美。

百味羊羹 说白了，这是一道羊杂烩汤，不过父亲的做法有点特别。将收拾干净的羊肚、肝、肺等焯水，捞起后切成小块。锅置火上，加入植物油，先将切成块的羊血慢慢煎香，倒入碗中待用。空锅中再加油、放葱结姜片煸炒，起香后倒入羊杂，煸炒、烹入料酒，倒入清水（若加入现成的白汁羊汤，则更好），大火烧开后，转中火，炖半小时，视汤汁乳白后，再放入几根山药、胡萝卜片，倒入羊血，七八分钟后，用盐、味精调味，此菜便算完成了。喝汤时，别忘了撒点青蒜花、胡椒面。

白煨羊肉 家中逢来客时，父亲总喜欢以此菜飨客。这道菜的做法同羊羹汤较为相似，只是汤汁更浓、更醇、更腴美。白煨肉是前后腿均可，切成乒乓球大小的块（块太小了肉味不香），焯水洗净后先用植物油煸一煸，然后下葱、姜、料酒煨制，方法是：先大火烧开，后改小火煨1小时左右，再放入500克焯过水、切成滚料块的白萝卜，改中火炖20分钟，此时已是肉烂汤白，用盐、味精调味，吃时装入大海碗内，撒上香菜末即可。

红烧羊肉 说到红烧肉、红烧鱼，大凡会烧几道菜的，都会做，但真要做好了，也不易。父亲做红烧菜有一绝，色泽好，无人能及。诀窍之一是熬糖。在原料下锅前，先用油熬白糖，待糖汁将煳未煳、香气四溢时，再放入原料、调料，此时的汤汁已是色泽红润，自不必加太多的酱油。煮制时亦是大火烧开，再转小火烧煮，最后再用大火收汁。此菜若不加配料，做到这里便算完成了，此时的羊肉色泽红亮，卤汁稠浓似胶漆，盛在盘中，肉颤巍巍的，煞是好看。若不是逢年过节，父亲制作此菜时，少不得要加上慈姑、蘑菇、青蒜、粉丝等做配料，汤汁也较宽。羊肉下酒，羊肉汤泡饭，在那个年代，确实是少有的美味。

现代都市人生活条件改善，时间也宝贵。就说吃羊肉吧，能从市场买回羊肉做上一道什么菜，在小家庭已属大工程，自家宰杀更是天方夜谭。过去耳熟能详的一些美味如今已渐渐消失。虽然，大部分餐馆还挂着经营"正宗"××菜的招牌，但品尝之下，总觉得风味已大为走样。不知道是由于少数厨师的发扬、创新，还是餐馆老板的省工省料。有人开导我，到餐馆吃饭，吃个时髦，吃个气氛罢了，谁还真在乎是什么味呢？若果真如此，则是某些厨师之幸，餐馆老板之幸了。

只是可惜了父亲的手艺。

——原载于1997年4月《中国烹饪》杂志

难忘家乡年夜饭

这几年我是在北京过的年。年货倒是啥也不缺,就是年夜饭不好整治——三口之家,若是照平日那样烹煮四菜一汤,觉得不像过年,若是依酒店筵席般摆上六个碟子、四个热炒、八样大件,做上平日不常吃的油爆大虾、盘龙白鳝、清炖甲鱼、焗龙虾……丰盛倒是丰盛了,接下来的新年里,全家就得皱眉头,要吃好几天的剩菜。所以有些家庭在除夕之夜,全家到饭店、酒楼点上一桌,吃完走路。更有人家,在春节之前就早早地办好手续,订上机票,飞往欧美、新马泰、海南岛……品味异地的年夜饭去了。

过年只有在故乡过才有味道。我的故乡在苏北大丰,由于对外开放较早,当地居民得以先行一步摆脱贫困,迈向小康。当地物产丰沛,集市繁荣,一般大城市中不易品味到的土特产,在那儿都可以买到。我的双亲都是读过书的人,平日较为开明,家中规矩不大,过年之际,从不举行祭灶、接老祖宗、摆供等仪式。然而,每年的年夜饭却绝不马虎,即使是困难年头,每至除夕,也是倾其所有,做一桌丰盛的美味。

在我的印象中,每年的年夜饭,总是由父亲主厨。开饭前,先在门前天井中放上一通烟花、鞭炮,大人小孩乐上一通后,才入席就餐。

首先登场的是 6~8 道荤素搭配的冷碟,除了冬日里常见的油汆花生、姜米皮蛋、烫青蒜、葱油海蜇外,少不了还有家制的香肠、风鸡等物。先说说风鸡。老家旧俗,每进腊月,母亲便从集市买回几只已经不生蛋的老母鸡,每只一般 1~1.5 千克重,放血后不煺毛,从鸡翅下开一小口,掏出内脏,清理干净后,抹上炒香的花椒盐,然后将鸡头、翅膀反转插入刀口,再用小绳捆紧鸡身,吊在大屋的背阴处,年前取下拾掇干净后蒸熟,手撕成条浇上麻酱油,腊香扑鼻。老家的香肠是猪肉所制,肥四瘦六,以刮净的羊肠为衣,不掺淀粉,也无需防腐剂,平时晾在屋檐下,可经久不坏,吃时蒸食,肥肉白莹如玉,瘦肉美若玛瑙,细咀缓嚼,最是下酒之物。

老家的年夜饭不重炒菜,要有也就是药芹炒肉丝、慈姑腰片、开洋茼蒿、韭菜炒蚬子(蚬子是一种内河产的小蛤类,过去价极低廉)之类,有荤有素,清而不腻。

大菜是年夜饭的重头戏,犹如一首华美乐章的高潮部分。炒菜过后,头菜是满满一大海碗烩土膘。土膘是当地方言,又名炸肉皮、皮肚,是以猪脊皮晒干后油发而成,经泡水后涨得足有1厘米厚,改刀后配以鱼丸、笋片、瘦咸肉片、香菇、菜头等物,再加上熬得乳白的骨汤烩之,肉皮油发后孔隙众多,含胶质丰富,经烩制后肥厚腴美。近年来,有些人家操办宴席时嫌肉皮档次低,代之以价昂的鱼肚、鱼皮等物,其味反不及土膘来得地道。

头菜撤下后,接着而来的,就是干贝煮干丝、雪里蕻烧野鸭、清炖母鸡、红烧鱼之类的大菜。其间,或许还穿插几道拔丝苹果、八宝糯米饭、糖莲子等孩子们爱吃的甜菜、甜汤。

单表这雪里蕻烧野鸭。雪里蕻是自家腌的,野鸭来自市售,烹制时雪里蕻需泡泡水,杀杀咸气,野鸭绒毛较多,身藏枪弹,拾掇起来麻烦一些。老家濒临黄海,滩涂辽阔,水草丰茂,这野鸡、野鸭、野兔原本并不稀罕,近年来禁不住吃的人多了,渐渐地也金贵了。于是便有专业养殖户人工驯养,本来这是好事,不承想这些野生之物的后代经圈养后,肉质较天然的殊异,嫩而且肥,且缺少野生之物的那一股香。市场上驯养与天然的价格相差很大，一些"聪明"的卖家突发妙想，扛出铁砂枪，对准笼内驯养的鸡鸭来上一枪，便充作野鸡、野鸭。不懂行的消费者既花了大价钱买了假货，买回后还得费心费力地用小刀将"猎物"肉中的铅弹挖去。好在父亲经验丰富，一般假货都逃不过他的法眼（这几年全国各地政府号召大家踊跃上交民间火铳甚至气枪，现在这种情况大概绝迹了）。

自从电视上有了春节联欢晚会，在电视的欢笑声中，一顿年夜饭往往要吃到午夜，随着欢声笑语，随着爆竹轰鸣，一家人其乐融融，互相诉说着往日的思恋，来年的希望，醉眼蒙眬中，恍若身在天堂。

——原载于1999年2月《中国烹饪》杂志

花乡村宴

双休日,又逢一个双休日。在这春草初露、桃吐丹霞的季节,何不踏青郊外,醉在他乡?

驱车上路,出四环,走小道,弯弯曲曲,灰头土脸,摸到了京都四环外的花乡白盆窑。眼前分明是一座农家大院,却唤作"峰御源食府",岂不可笑?进去瞧瞧。

一位身着黛底素花小袄的女子款款走来,含笑将我们几位"不速之客"让进院内。嗬,好大的一座庭院!出门时还觉得城内乍暖还寒,可这儿早已经树木染翠、竹影摇青,稀稀落落的砖地间,也已经长出了茸茸小草。走过大院,穿过回廊,我们来到了"食府大堂"。

"大堂"内不见雕梁画栋,翠绕珠围,白花花芦席铺就的一圈土坑中间静卧着一张白木打制的大圆桌,青砖墙上,挂着几幅二三十年前流行的1元钱买好几张的宣传画。来客可脱鞋上炕,醉了可拥被而眠。

乡宴凉菜

大家先后入座，点菜。先上的自然是凉菜。凉菜分两种：一种是刚从地头、大棚内采来，洗一洗，直接上桌。我们点了黄瓜、小葱拌萝卜片、紫甘蓝蘸酱、拌三苗（香椿苗、萝卜苗、苏子）等几样。食府自制的凉菜以蒜肠最见特色，此肠入口肉细味香，蒜香浓烈，据服务小姐介绍，一般蒜肠只可现制现吃，一过夜便香气全无且味恶性燥，而此店蒜肠不仅风味特异，久藏亦不变味。吃口最好的是一盘装在大号盘子里的嫩黄瓜，根根如拇指般粗细，碧绿晶莹，顶花带刺，蘸一蘸甜面酱，可当水果吃。

凉菜虽好，还得热菜压阵。第一道热菜是"海米西红柿"，这道菜的特异之处是主料西红柿不是烂熟绵软满地红，而是青黄晶莹，配以海米、火腿丝烹制，西红柿片形完整，吃口酸甜，有余香盈嘴。

香椿苗烩金针菇

西红柿刚吃出点味道，紧接着又上了一道"香椿苗烩金针菇"。在菇类家族中，金针菇形状独特，然而其味并无特别之处，属于清淡雅洁一类。将无味（或不彰显）的金针菇配以香味浓烈而又奇特的香椿苗，真乃神来之笔，尝尝清芬扑鼻，滑里透韧。

连吃了两道蔬菜,终于盼来了一道海鲜"滑熘皮皮虾"。皮皮虾是北方人的称呼,南方人一般称之为濑尿虾或虾蛄,肆间食坊中考究点的食法大都为椒盐或蒜蓉蒸,或为白灼或清蒸,一桌一大盘,众人剥食之。由于其全身上下不是锯爪,便是细刺,外行者食时不是划破手,便是刺破嘴。此间食府大厨的制法是剔出那细嫩柔润的虾肉,调味后拍粉下油锅,再加上韭菜等辛香味浓的蔬菜,调以浅糖醋口滑熘之。这么做起来肯定费力费事,但对嗜好皮皮虾、又不谙剥壳的食客来说,却是难得的口福。

铁锅炖柴鸡

最后姗姗来迟的是"铁锅炖柴鸡"一菜。据言此鸡是选自河北涞水一带农家放养的柴鸡,用双耳小铁锅微火炖熟后,上桌时随上卡式炉,使其在寒冷的季节里始终热气腾腾,这道菜除了加入生姜、葱外,便是加了足量的干辣椒,热且辣,鸡肉久煮不散,食之让人大呼过瘾。

记得曾有位伟人说过:"革命不是请客吃饭",这话不错。然而对平头百姓来说,如果没人请客,自己又吃不上饭,则既不能好好地革命,也不能好好地搞建设。至于吃什么,不求燕翅鲍相伴,常有鸡鱼肉可食,已然心中满足了。在有余钱可用、有闲暇可使的日子,远足郊外,尝一尝农家食府的美味,岂不快哉!

——原载于 2019 年《中国烹饪》杂志

流蜜的洋槐花

洋槐花

自去年来北京后,一直住在所在单位的招待所里。招待所不大,一幢两层的小楼立在院中,两厢是一溜的平房,院中遍植了各种树木、花卉。在如此拥挤的北京城,有此佳处,实属难得。

今年四月,我被抽调到一个大型会议上做服务工作,会议结束已是初夏时分。这天,拎着行李回到栖身之地,心里有说不出的畅快,才刚进得门来,迎面便有一阵芬芳馥郁的清香袭来——原来院里的几棵洋槐开花了。

抬眼望去,往日未曾在意的、高耸的洋槐树上长满了重重叠叠的花串,犹如一串串的豌豆花,又似淡青色的小蛱蝶,在密密的绿叶围护下正做着香与蜜的梦。

看到这淡青色的洋槐花,禁不住又想起苏北老家来。

故乡苏北盐城市郊——一个靠近海滨滩涂的不起眼的小镇。前些年,那儿还很荒凉,大块的土地上覆盖着一层厚厚的盐霜,田地里、场头上,除了乱蓬蓬的茅草、枯黄的芦苇,惹人注目的,就是那一片片像浓烟、似云雾的洋槐林。

每逢洋槐开花的时候,大批放蜂人便纷纷赶来了。

故乡没有山,只有一些高高低低、丑陋的沙丘,沟河虽多,水却微微有些偏咸。这儿没有繁华的闹市、摩肩接踵的人流,这儿是叽叽喳喳的鸟的世界和奔腾跳跃的兽类王国,宁静而充满生机。

或许是因为这儿太寂静、太偏僻,每到初夏季节,便有许多的汽车、拖拉机、马车满载堆得高高的蜂箱,用那不绝于耳的"嗡嗡"声来打破这儿的宁静。

放蜂的个个是旅行家,早春二月,他们赶到闽赣,赶收油菜、紫云英、荔枝、龙眼等春蜜,夏季长途跋涉来到我们这儿,赶收洋槐蜜,秋冬季又赶着大车,人喊马嘶地杀向北方。就这么年复一年,周而复始。

蜜蜂是一种玲珑可爱的小昆虫,以它的勤劳而言,天地间只有蚕才可与之相比。它从花中采得纯净、芬芳的花粉,酿成那独具风味的蜂蜜,真是大自然的杰作。谁说只有人类才是天地之灵?

小时候,常常望着大洋槐发呆:这干巴巴的土地上尽是灰白色的盐碱,大洋槐是哪儿找的蜜糖吸进树体中的呢?那时父母亲很忙没空回答我。

我从小野惯了,一向胆大得要命。记得有一年夏天,别的孩子在忙着找蟋蟀笼,到野地里、坟堆里、砖缝里捉蟋蟀,欣赏蟋蟀的鸣声。我却独自一人去捉蜜蜂,拿来养在玻璃瓶内,里面放上洋槐花,希望一觉醒来,瓶底下有厚厚的一层蜜。谁知第二天起来,槐花枯萎了,蜜蜂也死了。我难过得直掉泪。

妈妈劝我说:"槐花和蜜蜂跟人一样,也需要新鲜空气,也想要自由自在,把你关进去,你受得了吗?怎么可能产蜜?"

从那以后，我再没有捉过蜜蜂，但对蜂蜜却是来者不拒，特别是本地产的洋槐蜜，我喜欢洋槐蜜那淡淡的清香，就和槐花一样，味道特别甜润适口，余味悠长。

记得那时候蜂蜜不很贵，但品种单调，没有现在这样多的系列产品：蜂蜜雪花膏、蜂蜜头油、蜂蜜保健食品……听也没听说过。人们确实是越来越聪明，越来越进步了。但也有不妙的时候，有一次我到某食品店买了一瓶蜂蜜，瓶上注明：一级洋槐蜜。回家咂吧了半天，愣没品出半点洋槐那淡淡的清香味来。

洋槐除为蜜源植物，还可充作佳蔬。小时候淘气，每逢洋槐花开的时候，我和弟弟总要爬到树上，采些槐花，就跟吃瓜子似的，摘下一朵去掉花蒂，便迅速吞入口中，倒也鲜嫩爽脆，满口生香。后来更精了，采得花来，光吃花中间那一根细细的花蕊丝，很甜，就跟蜜一样。相比之下，妈妈做起槐花来要高明得多了。她将我们弟兄俩采来的槐花去蒂后洗净，拌上糖腌起，然后再和上猪油丁便成了包子馅、汤圆馅、糯米团子馅。有时也生拌，当作早晚喝粥的小菜，做起来很简单，只要将去蒂洗净的槐花放在温水中略烫一下，拌上麻油、味精、盐即可，真正鲜香味美。不过，也有人喜欢将槐花拌芝麻酱、酱油、辣油吃。妈妈不以为然。我现在明白，这样吃，槐花的清香之味是品评不到了。

槐花是那样的平凡，平凡得常常使人们视而不见，尽管世界各地都有它的踪迹。只有当人们喝着甘美的蜂蜜，踩着满地的槐花花瓣时，才仿佛感到它的存在；它匆匆而来，留下了甘美的蜂蜜，又无声无息地随风飘逝。

看见院中的槐花开了，就想起了这么多。

唉，可怜我孑然一身，置身在这京城之中，连个做菜的地方都没有。不然，我一定采下几捧槐花来，做上几道好菜。

听说，我住的小屋要拆了。望着满树的槐花，心中涌起莫名的怅惘：明年或者后年，当一幢大楼矗立在这里时，洋槐，你将在哪儿？

——原载于 1989 年 2 月《长虹文学》

又食棕榈

我对棕榈太熟悉了。

自小在闽地乡下外婆家长大的我,见惯了外婆家房前屋后、园边地角的棕榈树。那亭亭玉立、叶形硕大的棕榈,记下了我多少童年的故事,又留给我多少童年的回忆。

棕榈的叶子一年到头都是绿绿的,挺大,像手掌般裂开,奇怪的是,它的叶子都簇生杆顶,然后又纷纷披向四周。炎热的夏日里见到它,那份凉意、那份潇洒,别提多宜人了。如果说棕榈的叶子颇为多情的话,那么,它的枝干却是足够的刚强,笔直挺拔、宁折不弯。不过,它也会保护自己,枝干四周裹着一层马鬃似的棕衣。小时候,经常随外婆去剥棕衣,用它做绳索、蓑衣、毛刷……不过,最难忘、最开心的时候要数每年中秋至开春收获"棕鱼"的时节了。每年的农历三月左右,棕榈树茎端便会长出几朵金黄色的花苞,苞中有细子如鱼腹孕子,我想"棕鱼"的称谓即源于此吧。也有人叫它棕笋、棕包。一般巴掌大小即可采下,籽发黑就老了。

记得每逢有贵客来家,外婆总要用"棕鱼"配上豆腐、猪肉、鲜鱼之类的做上几样好菜,一边做一边嘀咕:"千株桐、万株棕,世代儿孙吃不穷。"

外婆去世后,我随全家迁居北方。从此,再难得吃到棕榈了。

最近,我得到一个到南方采访的任务,不由自主地又来到了外婆家。虽说舅舅家的平房早已被一幢两层新楼所代替,然而,那熟悉的一株株棕榈却还在,而且更高大、更葱茏了。当天夜里,殷勤的女主人——我的舅妈,为我做了一桌棕榈席。

舅妈小心地将棕笋去壳去皮，洗净后将棕笋的籽摘下丢在一边，然后拿起刀来将棕笋切成片，放在水中浸泡过后，配以切成薄片的青鱼肉和自家采摘的木耳，调以精盐、料酒、味精，炒成了一盘色泽鲜艳的"双味鱼片"；一转身，又将剩下的鱼头、鱼尾和上棕笋片做成了一碗红烧头尾。这时，我舅舅走来。不动声色，将摘下的棕米配上肉丁，调以辣子、姜末、葱丝、蒜末，一盆别具一格的"棕米宫保肉丁"就炒出来了。我记得，这是外婆常做的一道菜，舅舅可是尽得外婆的真传了。

如果时光真能倒流，我一定告诉外婆：用棕榈做的菜是人间至美。

——原载于1988年5月10日《人民政协报》

沧海一贝——蛏

蛏的动物学名叫缢蛏（Sinonovacula constricta），别名蛏子、青子。缢蛏属软体动物中的瓣鳃纲。它的形状狭长，呈淡褐色，具有两片瓣状贝壳，穴居于沿海泥沙中。其肉如蛎，色泽白润，味道鲜美。闽、粤等省在田中人工养殖，其田称蛏田，蛏田中所养殖之幼蛏谓之蛏苗。

人工养殖缢蛏，在我国有悠久的历史，清代周亮工在《闽小记》上曾经记载了这样一件有趣的案例："有讼邻人拔其蛏苗者，予初意蛏安得苗？及讯之，出一纸裹，小蛏累累，细如虮虱。盖闽人培水田种蛏。盗者泄水，则蛏苗随之溢，讼者辄曰，拔我苗矣。"

蛏有干、鲜之分。鲜蛏是季节性特产，一般以初春产的质量最好。例如，江苏省如东县掘港海边产的鲜蛏，肉嫩味鲜，较浙江的宁波、温州所产之鲜蛏肥大。每年农历正月至三月产量最多。苏北有些城市的菜馆，每到初春都有鲜蛏所制的菜肴供应。

因为鲜蛏外具贝壳，内含泥沙，必须先进行预加工以去外壳、泥沙。这里介绍两种鲜蛏的加工方法：

其一：将活蛏放于浓度为2%盐水中，促其自行吐沙，养2小时后捞出。放入开水中煮至蛏壳张开，捞起，剥出蛏肉，撕去皮衣。反复洗净即可。

其二：将活蛏外的泥沙洗净，用小刀将壳子剥开，铲下蛏肉。再用小刀剖开蛏肉，刮去细沙，用冷水漂洗三四次至泥沙洗净即可。此法能较好地保存原料中的营养成分，滋味更加鲜美。

鲜蛏经活养吐沙，入开水锅中煮至蛏壳张开，剥出蛏肉晒干，即制成蛏干，又称美人干。干蛏易运输，易保藏，一年四季皆可食用。如涨发得好，其味也很不错。清代袁枚撰写的《随园食单》中曾记有"程泽弓蛏干"的涨发方法。其文摘录如下："程泽弓商人家制蛏干，用冷水泡一日，滚水煮两日，撤汤五次。一寸之干，发开有二寸。如鲜蛏一般，才入鸡汤煨之。扬州人学之，俱不能及。"

缢蛏有丰富的营养，其营养成分（鲜肉）按食部100克计算，含蛋白质7.3克，脂肪0.3克，碳水化合物2.1克，钙134毫克，磷114毫克，铁33.6毫克，热量40千卡。

蛏肉性味甘、咸、寒，有滋补、清热、除烦作用，脾胃不好的人不可多食。《本草求真》谓："蛏，性属阴体，故能解烦涤热。然惟水衰火盛者则宜，若使脾胃素冷，服之必有动气泄泻之虞矣。"

蛏在烹饪中应用广泛，用于制作冷菜，可醉、凉拌、腌制等。如上海的蛏子、拌蛏肉、水晶蛏肉；山东的醉蛏子。清代顾仲撰的《养小录》曾记有"蛏鲊"。也可热炒，如山东的韭青炒蛏子；上海的蛏肉炒蛋、酱爆蛏肉。如以烩、烧等法烹制，则滋味醇浓，别有风味，如萝卜烧蛏、豆腐烩蛏。此二菜的制作并不复杂，例如萝卜烧蛏，若用鲜蛏，经活养吐沙、开水煮至蛏壳张开即可捞出剥出蛏肉，煮蛏的汤不可弃之，经沉淀后可作大用。另将鲜嫩的萝卜切成长条（不可过粗），入开水中氽至断生，去除异味后待用。将洗净的蛏配以少量肥膘、鸡汤入锅先煮，再倒入经过沉淀的汤汁，待汤汁稠浓后加入萝卜、葱姜汁、料酒。临起锅时放入盐、味精，食时撒入胡椒粉。

豆腐烩蛏制法亦同，蛏子本是极为美味之物，只需简单的烹饪，便为人间至味。大美之物，大抵如此。

——原载于1986年4月《烹调知识》杂志

采菊入馔

满园菊飘香 刘迪制作 李刚摄

在秋风萧瑟,万木凋零的季节,却有"百草竞春色,唯菊有秋爽"的菊花,以其色泽之美、香韵之清、品格之高吸引了无数人们,给萧索的秋天注入了勃勃生机。

菊,本写作蘜,从鞠,即穷之意,言花事至此而穷尽。古诗"菊尽重九满篱金""此花开尽更无花"也是这个意思。古籍《礼记·月令》曾载"菊有黄华"之句,至晋代更有陶渊明采菊东篱下的美谈。我国以栽培菊花的历史之长、品种之多著称于世。菊花就其个而言,或大如盘盅,或细如繁星;论其形,或重叠若楼阁,或纷垂如璎珞;从构造上看,有分瓣做针状,有平开同莲样,簇聚攒列,殊形异态,不胜枚举。千百年来,为无数墨客骚人所赞美、吟哦。

其实,菊花不只是供人观赏,它还能入药,更能入馔,做出味香色艳的佳肴来。

早在先秦，我国就有人食用菊花了。屈原《离骚》中："朝饮木兰之坠露兮，夕餐秋菊之落英"即是明证。《神农本草经》中将菊列为上品，说"服之轻身耐老"，将其视为美容长寿食品。

汉代，帝王之家已开始制作、食用"菊花酒"。

此后，古人用菊花做的肴馔更加丰富了。明代高濂的《饮馔服食笺》、清代顾仲的《养小录》、清黄云鹄《粥谱》等著作中，均收录了大量用菊花做的肴馔，如"凉拌菊""炸菊花""菊花粥""金饭"（黄菊花饭）等。

古人以菊花入馔，除取其味香色艳外，另一个重要原因就是其药用价值。中医认为菊花有明目养肝之效。白菊主清肺，黄菊主理气。

古人还善于用菊花蒸馏花露，据清人顾铁卿《桐桥倚棹录》卷十记载，姑苏虎丘仰苏楼、静月轩出产的"杭菊花露……驰名四远，开瓶香洌，为当世所艳称"，且有良好的治病效果。

菊花有7000多个品种，也不是所有的菊花都能够食用，能够拿来食用的菊花品种却不多，主要有杭白菊、梨香菊、紫凤牡丹、黄莲羹、金丝皇菊、高砂等数种，它们可泡茶，亦可入馔，但身体有过敏史者应慎食。

时至今日，在我国各地食谱中，除保留了一些传统菊花菜肴外，还有一些以菊花为原料的创新菜点。如扬州的"白菊炒鸡丝"，苏州的以菊花卤为馅心的糕团。

"白菊炒鸡丝"是一种名菜，制作较为精致。一般选用微开的白菊花，摘取其中层花瓣，用清水洗净，以洁净布揞干水。再配以切成细丝的鸡脯肉，用蛋清与淀粉上浆后与菊花瓣入锅内同炒，调以精盐、味精、料酒即成。真是洁白如玉、鲜美异常,并有清香的菊花味,不失为一种高雅而时尚别致的时令菜。

——原载于 1987 年 11 月 13 日《人民政协报》

趣味篇

我的两位师傅

近来，常有一些厨师朋友邀请我出席年青厨师的拜师学艺活动，这些拜师仪式，当然跟过去在电影中见到的不大一样，仪式不在阴森昏暗的祠堂举办，大多设在灯红酒绿的饭店大堂，堂上自然也没有供奉厨业的灶君、詹王、彭祖等画像，也无须点烛燃香，但弟子们对要拜的师傅的恭敬和崇拜是绝不能掺水的。

仪式开始后，做师傅的不能光坐在太师椅上，等着弟子们来拜，他要讲话，要给弟子们送礼物，还要给弟子们发证书。证书印制得很漂亮，有弟子的近期照片，有师傅的亲笔签名，塑封烫金，仿制不易。弟子们视人数而定，无须一个个发言，只需派出一个口齿伶俐的代表，向师傅及众人表决心，最后还要向师傅磕几个响头。最简单的，向师傅三鞠躬是免不了的。

参加拜师仪式的来宾人数与层次，往往与所拜的师傅在行内的知名度成正比关系，师傅若为一方烹饪大师或名师，自然来客盈门；师傅若为普通厨师，纵有易牙之技、彭祖之方，也常常门庭冷落。

笔者少年求学，高中毕业时正赶上"文革"结束恢复高考，稀里糊涂与"叔叔阿姨"们一起进考场，因几分之差名落孙山，过了几天，却又被扩招进商业技校，学的就是烹饪专业，虽然专业名头不太响亮，好歹算是有了一个铁饭碗，不用上山下乡，毕业后分配到苏北某市饮服口的一家当地最大的酒店从厨，先是红案，后是红锅。

20多年前，全国各地城市无论大小，有点名气的好厨师都集中在饮服公司和政府招待所，我在这里有幸遇到了几位好师傅。

先说说红案的掌案师傅，姓陈名启付，虽生就一双小眼，看东西却极准，小商小贩送来的各色烹饪原料，货色品质高低逃不过他的法眼，案上的刀工了得，切个斤把生姜丝，真是片片薄如纸，丝丝细如发。当地，每天清晨，总有一帮老食客来店里吃早茶，除了一碗鱼汤面、一碟小笼包，一盘堆得尖尖的生姜烫干丝总是少不了的，只要服务生将干丝一端上桌，他们就能猜出今天是谁当班。陈师傅后来先后当上了厨师长、饭店经理、公司经理，还被光荣地评选为江苏省劳动模范，这是后话，这里略过不提。

再说锅上，在这家酒店的五年里，我在锅上待的时间最长，站头灶的是一位肤色黝黑、面孔瘦削的师傅，和我是本家，名字叫李荣华，四十大几了，工资和我这二十不到刚出校门的差不多，和"荣华富贵"也实在太不沾边。我虽是二灶，除了宴席菜点少点，别的活儿一点儿也不少。当时炒菜不像现在小炮台、天然气，要大火就大火，要小火就小火，实在不行，小炒勺一端就离火。那年头，当地所有饭店用的都是大灶，炒菜时右手持铲、左手握勺，双手持铲勺不停地在锅内翻动，口内还得念念有词，不停地招呼灶后专管烧火的火夫"大火、小火、停火……"，煞是热闹。这种炒法，和我上技校时所学全然不同，刚上手时真是手忙脚乱，没办法，基本上是从头学起，好在有李师傅，依样画葫芦，照他的样子做就是了。我所在的城市，领导班子请客，如果是家宴，李师傅往往躲不过，总被请去掌勺，他常带上我帮他打下手，一来二去的，我的手艺就这么学出来了。李师傅的本事是，即使主家的厨房再逼仄，条件再简陋，原料再缺乏，他也有本事在主家尽可能少花钱的情况下，办出一桌桌体面的家宴来。看他炒菜中铲勺的配合默契，调味时的准确到位，一气呵成，实在是一种表演的艺术。

那时候，餐饮业属于国家单位，职工之间少有正式的拜师一说，但留存在中国人血液中的尊师重道精神，是历经无数次政治运动都无法根除的，师徒之间，尽管没有经过正式的拜师授徒仪式，但师徒间那浓厚的情感，并不因缺少了那一张小小的纸片而薄几分。师傅渴了，递上一杯水，吃饭时，先给师傅盛上一碗，这一切，作为徒弟，做起来发自内心，纯乎自然，不带半点功利；做师傅的，对于比自己岁数小的徒弟，除了是同事，还是友人关系，在这家酒店的四年里，我从未听说有哪个做徒弟的给师傅送过礼，更别说明里暗里的索要了，跟着这样的师傅学艺，技术想不进步都难。

　　我没经历过拜师，却有过很好的师傅，看看今天的年轻人，他们虽然拜了师了，但又似乎缺少点什么。

——原载于2008年12月《餐饮世界》杂志

吃吃喝喝六十年

儿子刚上大一,周末回家,妻子忙活半天,做了一锅排骨,儿子吃了一块,便嚷嚷味道不对,不如学校师傅的手艺。望着营养充足、身高一米八、人高马大的儿子,我虽恨得牙痒,也只有一声叹息:谁叫人家运气好,出生赶上了好时候。

比起儿子,我的运气太差。一落地就赶上"三年自然灾害",听母亲说,我出生时又小又瘦又柴,大小像一只大人穿的皮鞋。母亲奶水不好,又买不起奶粉,一天几碗米汤,居然活了下来,而且后来也能长成一米七的"大"个子,每每说起,我母亲特别有成就感。

长大了,上学了,整天饿得眼冒金星,肚子咕咕乱叫,心里还无限憧憬:人要是不吃饭也不饿该有多好!

高中毕业,上了技校,算是从此告别饥饿,又学到了一门烹饪的手艺,回到了所在城市最大的一家饭店,当了一名烹饪技工。改革开放之初的苏中地区,经济发展水平在国内虽说还过得去,但与今天相比依然不可同日而语。工作的厨房内,活儿都是手工操作,除了有台常闹罢工的冰柜和爱绞人手指的绞肉机,看不到其他的厨房机械,工人每天的劳动强度巨大。煤气是没有的,烹饪还是用煤,那不知用了多少年的炮台灶上,油垢深厚,灶上的师傅除了会炒菜,和煤加炭也是绝活之一。每到饭口的时候,鼓风机一吹,那真是尘土飞扬、烟雾弥漫,厨师们脸上的尘土就不用说了。哪像现在,只要稍微有点档次的饭店,哪一家不是一水的不锈钢厨具,煤气灶、电烤箱、微波炉、电磁炉、电脑等等,应有尽有,窗明几净,纤尘不染。

还是谈吃喝。当时居民柴米油盐一切都是凭票供应。饭店也是烹饪原料奇缺，鸡鱼肉蛋都不能满足需求。师傅手艺再好，饭店能供应的也就是炒肉丝、炒肝尖、熘肥肠、炒鸡蛋等十多道菜，而且过时不候。客人来晚一点，你就是想贿赂服务员，她（他）也会一脸真诚地跟你说："没有，没有，真的什么都没有了。"

厨房环境的变化还在其次，变化最大的，是人心。1949年之前，"厨师"一行在五行八作中，被称为勤行，厨师一职被人称作"厨子"，不好听的还有"伙夫""店小二"等，总之是谁都可以轻视的下九流。社会地位低下，劳动收入微薄。干了这一行，找对象都难。中华人民共和国成立后，特别是改革开放后，厨师成了企业的主人，社会地位迅速提高，不再被看成普通劳动力，而是有一技之长的烹饪艺术家，厨师收入在不同行业间也是排名靠前。厨师队伍中，不仅产生了一大批企业家、管理者、餐饮类上市公司总裁，也涌现了一批市县及全国人大代表、政协委员。斗转星移，"烹小鲜者"也开始参与国家治理了。

中国老百姓60年的吃喝变化，中国餐饮人60年的身份变迁，何尝不是一个时代的缩影？

有朝一日，我要对儿子说：要常存感恩之心，多努力，少折腾，吃吃喝喝时，你的碗里才常有常满。

——原载于2009年10月《餐饮世界》杂志

微笑服务

国庆期间，寒舍附近的地铁线开通了，我欢天喜地地和家人前往，试坐尝新。一进地铁入口，便见一组满是笑靥的动人海报，其中，一张笑意甜美、腰系蓝底碎花围裙的厨妹，置身热腾腾的锅旁，手握一把面条的形象，尤其吸人眼球。

这幅动人图画，不经意间被复制、粘贴进了我的大脑，随着地铁的向前延伸，我也好像进入了时光隧道，回到了往日的世界，残留在脑海中的记忆片段，组成了一幅幅依然五彩缤纷的画面，滚动播放。

20世纪六七十年代，人们普遍饥饿，无论乡村还是城镇，打个牙祭，或是饿了、渴了，想找家可心的饭店，好难。即使找到了，还得看服务大妈的脸色（因为那时饭店多是国营、大集体单位，服务员是国家职工，一般是要从青年做到退休的，所以端盘子的多为四五十岁的中年女性）。除非是政府机关请客，事先打了招呼，要不然，你想招待客人的所有服务都会大打折扣，比如吃不上当地的特色菜肴、菜肴分量会有不足，甚至于你想在雅间内同朋友、亲友多聊几句，下班时间一到，服务员就会将旁边的灯灭了，椅子、凳子一股脑往桌子上一码，紧接着，大扫帚就在地上辗转腾挪开了，这时候，哪怕涵养再好的人，恐怕也不能待着不动，继续聊下去了吧。那时候，期待微笑服务，是个很奢侈的要求。

没有人会因此大吵大闹，人们似乎已经习以为常。

中国传统的买卖人中常说的一句话——"和气生财"。实践了千百年了，就这样在短短的几十年间不经意间弄丢了。

20世纪90年代初，我有机会去加拿大考察。去时已是深秋，正是加拿大枫叶红于二月花的季节，漫山遍野的枫叶橘黄嫣红，宛如一堆堆燃烧的篝火。在那儿的几天里，每天清晨，我总会早早起床，独自到主人屋后的林中散步，时不时地会遭遇晨起的各种肤色的西方人，老远的，他（她）会跟你打招呼，那份真挚和热情，初时简直让我莫名其妙；每每坐上车，正呆呆地对外凝视时，冷不丁地会有几位很精神的小伙儿或是金发碧眼的美女微笑着向你挥手致意；至于到商店、酒店、饭店购物消费，那份热情往往让你顿生受宠若惊，颇有难为情之感。

呵，人与人之间，原来可以这样相处；作为消费者，还可以得到这样的服务。

往事如白驹过隙，几十年后的今天，"微笑服务"早已经成为规章制度，大大小小的窗口企业员工，无不遵之守之，不成问题了。

果真如此吗？

君不见，当你某日和同道兴味盎然步入某高档酒楼，婉拒了服务生推荐的几款燕翅鲍，仅就点了几款家常小菜，且看他（她）脸上的笑容在一点点地变淡、终至消失于无形，是不是感到很有趣？

在服务业，微笑服务是一项投入最少、产出最丰的举措，但要做好，真的大不易。

——原载于2009年11月《餐饮世界》杂志

易变的风味

前不久，因参加一次大型活动，去了一次苏北名城扬州，入住盐阜路一家老牌宾馆。

宾馆南临古护城河，东侧不远是史可法纪念馆，西侧紧临天宁禅寺，一路垂柳抚岸，树木蓊郁。走过小桥对岸不远便是以山石著名的个园。

头天入住，夜来无事，便欲外出闲逛，毕竟我有一段在这里度过的青葱岁月。富春茶社的五丁大包、蟹黄汤包，菜根香的狮子头、煮干丝，西园的红楼宴、三头宴，每每思之，尤觉食指大动。瘦西湖、冶春园的水边小径，让我魂牵梦萦。

在扬一周，入住第一夜晚餐，十道菜便有四道是麻辣的，最后一道清蒸鲈鱼，加酱油，加糖，之后就餐便是在几个会场间流动。一路品尝下来，发现几家饭店、宾馆的菜肴除增加了不少江鲜海鲜外，口味上也已是天南海北，五味俱全，不复往日的清淡平和、软烂有度。二十年过去，扬州菜变化竟然如此之巨。

在古代，由于战争、瘟疫的发生，造成人口大规模的迁徙或减少，会使一地的风味发生巨变，而在国泰民安的今天，这种情况已再难发生。那么，如今一地风味的改变原因又是什么呢？

或许，是因为改革开放以来大规模的城市开发？近年来，在京沪深穗等城市，由于城市的扩建，城市中心的土地大部分被用作商业、办公用地，能在市中心公寓居住的，都是来自各地各业的显贵、精英，大批原来的居民迁居市郊，原来的人气已散，人脉已断，原先的风味自然流失。在历史文化遗产的保护方面，扬州可以说成绩斐然，只是因为笔者过去对扬州太过熟悉，对比强烈，忍不住便想说上两句，请扬州的父老乡亲莫怪。扬州的老城基本未动，保存完好，但居民成分已有改变。众多外地商人、打工者、旅游者居住其间，对原有的人文环境影响巨大。扬州新区建设日新月异，居住条件优越，交通便利，大量原来的居民迁入其内。大致说来，人一旦从院落住进高楼，生活习惯会渐渐改变，很少有人会为吃一笼包子而打一趟车进城，没有大事就不登门了，老店的老主顾因此流失。

又或许，是由于人们生活方式的改变？现在大部分城市居民房子越住越大，家中人口越来越少，又大多过着朝九晚五的日子。早餐紧紧张张对付了事；中餐不是盒饭、便当，就是单位食堂的大锅菜；傍晚回家了，孩子要补课，自己要充电，再不会像自己的父母亲一样，舍得忙活两小时，为家人制作一桌丰盛而美味的晚餐，怎么省事怎么来。多少优雅、多少温馨、多少家传风味就此失传。

再有，或许就是餐馆自身的原因？我国有川、鲁、粤、淮扬四大菜系，淮扬菜位居其一。近年来，长江经济带的发展一日千里，淮扬菜在外省、海外声誉日隆，淮扬菜新馆开张如雨后春笋，大量本地名厨跨省出洋，去异地掌勺。这样难免后方空虚，人才短缺？淮扬菜刀工、烹调要求精细，一个能独当一面的大厨至少需要十年的磨砺，一时间到哪里找这么多熟练厨师？如今，据说扬州许多餐饮业主对开设本土风味菜馆已是慎之又慎，宁可加盟洋快餐，或多开快餐、火锅店，以降低成本，规避风险。

美玉易碎，风味易变。一件美玉饰品在我们手上摔碎，让人有锥心之痛；可要是一个城镇的人文景观、地方风味慢慢消失、异化，却很少有人关注。岁月流逝，沧海桑田，过去的已无法回头。仰望星空，遥看万家灯火，我知道，此时此刻，在无数个窗口内，有多少人正嚼着薯片，啃着汉堡，心情随着电视里的动漫节目、电影、综艺而起伏。

——原载于 2009 年 12 月《餐饮世界》杂志

虎年吉祥

当虎年钟声响起的时候，全球的中华儿女们耳闻霹雳般的爆竹声声，眼观连绵不断的火树银花，围炉把盏，辞旧迎新。深深的情谊与祝福，绵绵的思念与问候，融入多少乡味乡情。干丝肴肉菊花脑，虎年的盛宴，百碗能进；茅台双沟五粮液，虎年的美酒，千杯不醉。

当虎年钟声响起的时候，稳健的金牛悄然离去，活泼的猛虎腾跃登场。龙腾虎跃人间乐，鸟语花香天下春。2009年的牛年，是中华人民共和国成立60周年，大阅兵，扬国威，虎视鹰扬。四万亿，救经济，如虎添翼。广大餐饮业职工面对国际国内环境的重大挑战，坚定信心、迎难而上，虽历经危机餐饮业依然风虎云龙，一枝独秀。

当虎年钟声响起的时候，我们怎能不缅怀中华民族的烹饪祖先，伊尹、詹王、彭祖……是他们的呕心沥血，将中国烹饪技艺提升到了一个非凡的境界。在厨房，"食不厌精，脍不厌细"已成为众多大厨的烹饪信念；在餐厅，"站碎方砖，靠倒明柱"的服务理念也已深入人心。五千年的中国饮馔史，宛如波澜壮阔、连绵不断的长江之水，川、鲁、粤、淮扬四大菜系，鲁、川、粤、闽、苏、浙、湘、徽八大菜系，开疆拓土，气吞万里如虎，为当今中国餐饮业走向世界，走向未来留下了纵横驰骋的本钱。地方风味，乡土小吃，满汉全席，炝虎尾……在这个硕大无朋的烹坛上，中华民族的子孙们虎步龙骧，不断创造，不断前行。

当虎年钟声响起的时候，在辽阔无垠、星罗棋布的大小市镇，北风劲吹，雪花满地，多少餐馆酒家的大小掌门，心中或许是五味杂陈，百感交集：几年来，国泰民安，风调雨顺，生意红火。然而，牛年中柴米油盐酱醋茶，价格也像牛市一样坚挺。虎年来了，是否会风水轮流转，来个虎背熊腰步步走低？去年的营业额不算少，但净利润可没像窗外的雪花越下越厚。看看偌大的餐厅，唯愿今年天天都像今夜那样熙熙攘攘，人流如潮。掌勺的大厨、服务的小妹好久没涨工资了，再不上浮点，年后怕是留不住人。虎年的生意怎么做？是在品牌效益上打主意，利润目标降几个档次？是让师傅们将菜单更新一遍，还是从服务学校再多招几位服务员？等等，还得再想点新招。

当虎年钟声响起的时候，多少饭店餐馆的前厅后厨已经人去楼空变得静悄悄。在这里工作的你，或许是中国千百万厨师中的一员，刚刚离开火热的炉台，掂了一天的大勺，胳膊肘早已经酸痛，望着刚脱下仍然散发着菜香的衣裙，心里有几多思绪？在这里工作的你，或许是中国千百万服务生中的一员，每天在这里如林中溪流般千回百转，又在想些什么？是惦记春节加班回不去了，今年的工资还没有领全？是惦记家人这个年过得热闹不？繁星点点，夜色宁静，思绪已回久别的乡间小路，宅前池塘。慈母手中线，游子身上衣。虎年的钟声传送着多少乡情乡愁。

当虎年钟声响起的时候，在中国的大地上，更多的国民通过陆海空航线，完成了人类历史上最伟大的迁徙。故乡是一盏明灯，是前进的路标，哪怕前路漫漫，依然一路虎啸风驰。风追逐着春天的行踪，雪漫步在温馨的海洋，灯点亮了回家的路程，无论你在远在近，我们的祝福已经起航。

当虎年钟声响起的时候，我与本刊全体同仁一起，在心底向大家轻轻道一声：新年快乐！虎年吉祥！

——原载于 2010 年 1 月《餐饮世界》杂志

低碳：有我一份

北方吹来的连天大风，带来了漫漫黄沙，也吹散了笼罩在京城上空的浓浓阴霾，天宇显得蔚蓝而高远。虽说已是四月中了，天气依然阴冷，往年早已是树青草绿、桃吐丹霞的时节，如今只有一点绿芽在枝头，这天气是怎么了？

这几年，我们居住的这个星球一直不太平，自从2008年汶川地震后，海地地震、智利地震、玉树地震、冰岛火山、南方大旱……一连串的地质灾害，让一向对外界变化反应迟钝的我，越来越关注天象气象，越关注越让人心惊肉跳。

中国人口已过13亿，随着经济规模的不断增长，能源使用带来的环境问题也越来越严重，烟雾、光化学烟雾和酸雨等的危害，大气中二氧化碳浓度升高带来的气候变化，污染了我们的家园，也越来越严重地威胁着人类的健康。

低碳经济，已经成为我们必然的选择。

餐饮企业，离不开烧烧煮煮，尤为不能脱离低碳经济，低碳餐饮的提出，也是顺理成章的事。餐饮企业的低碳转型，有许多方面的工作可做。

首先，在店堂厨房等室内采光照明上，白天应尽量使用自然光，需要灯光的，应尽快换上节能型灯具，实现能源的高效使用；平时做好餐具的清洁消毒，打消食客的顾虑，劝导消费者戒除使用"一次性"筷子的消费嗜好；提倡低碳饮食，少吃碳水化合物含量高的食品，增加蛋白质、膳食纤维及微量元素高的菜品的摄入。对素食者应多予鼓励。

低碳餐饮,自然离不开厨师的配合。如今的餐馆,尤其是在经济发达地区的餐馆,厨房内都已是一水的不锈钢灶具,灶台前有自来水龙头,液化气(或天然气)的火力可方便调节。然而,在厨房中也常常看到这样的现象,为图方便,一些师傅在操作的时候,从开市到收摊,灶台的火就没有关过,而且一直是熊熊大火,从不使用中、小火;灶前的水龙头也是一直开着,潺潺流水不断。一家饭馆的个别师傅这样做,看起来问题不大,如果成了行业通病,从中国餐饮业如今的规模来看,资源浪费绝对不可以小觑。

在条件允许的地区餐馆,应尽量使用电力、天然气等清洁能源,少使用含硫量高的煤炭。有关资料分析,每燃烧一吨煤炭会产生4.12吨的二氧化碳气体,比石油和天然气每吨分别多30%和70%。在我国中西部地区,还有许多直接使用煤炭烹饪的餐馆,如何用好煤,巧用煤,也大有文章可做。如今的餐饮企业,营业时间都较长,在散客较多的餐馆,炉灶的设计应有大小之分,而且开炉时间也应错开,这样既可以从容安排烹饪操作,又避免了燃料空耗,实现了低碳经济。

在餐馆菜品的安排上,一些费工费时的菜品,应尽可能提前小规模地批量加工,如炖、焖、煨之类的菜品。在保证风味特色的前提下,有条件的可以使用高压锅、电磁炉、微波炉等炊灶具,以缩短烹饪时间,节约能源。还有一些需反复重油的传统菜,如梁溪脆鳝、糖醋鳜鱼等菜,可以引进"分子厨艺"中的低温烧烤技术,不用反复油炸,既避免了原料在油炸时产生的有害物质,保持了原料的营养,又保证了传统菜品的风味特色。

低碳餐饮并不神秘,它和我们每个餐饮人有关,和我们每天的工作、生活息息相关,最要紧的就是马上行动起来,从点滴做起。中国有句俗话,"平时不烧香,临时抱佛脚",如果我们依然如故,任由当前这样的状况发展下去，有朝一日，当灾难真的降临的时候，我们将到何处去找传说中的诺亚方舟？

——原载于 2010 年 5 月《餐饮世界》杂志

感受世博　感受美味

东方明珠上海，中国东南最大的文化、经济、金融中心，一个充满活力、朝气蓬勃的城市。忆往昔，她曾经如此辉煌：南京路上，霓虹闪烁；十里洋场，夜夜笙歌；多少精英名媛，引领东亚时尚潮流，开文化风气之先河……今天，浦江两岸，冲天的焰火、变幻的灯光、如歌的水幕，轻歌曼舞交相辉映，上海世博会开幕式，又一次展示了大上海那迷人的风采。

2002年，中国终获2010年世博会的举办权，上海市成为举办2010年世博会的城市。自1851年英国在伦敦海德公园水晶宫举办了首届世博会之后，一个半世纪过去，这是世博会第一次花落发展中国家。八年筹备，八年建设，上海市终于不负众望，交出了一份令世人满意的答卷。

本届世博会的主题是"城市，让生活更美好。"美好的生活，自然离不开美味、营养、安全的餐饮。在上海市区及周边城市，众多餐饮企业厉兵秣马，备足粮草，做好了迎接八方来客的准备。世博园里，浦东浦西，设有公共餐饮8万多平方米，提供餐位3万个以上，供餐能力可达到40万套，价位丰俭由人。这里，来自东西南北，国内国外的千万种美食组成了吃的海洋，你可畅游其中，充分选择，享受吃的自由。

如果你是一个美食家，如果你是一个常年飞来飞去的"空中飞人"，你不用乘坐飞行器做全球旅行，你只要来上海世博园，便可以品尝到来自世界各地的顶尖美味。在法国馆，你将能品尝到由法国高级厨师波塞尔兄弟掌厨，以地中海特色为基础的"第六感"。在奥地利馆的"露天餐饮花园",你可以坐在露天式的就餐区,一杯美酒在手,享受阳光、街景、绿色。在比利时馆,四家顶级巧克力品牌制造商专设"巧克力角"。喜欢巧克力的游客,可以在这里细细品味巧克力的甜美与柔情。在秘鲁馆,你可以体会到印第安和欧洲烹饪文化融合而成的双重感受。在泰国馆,有泰国传统的酸辣虾汤、咖喱鸡面和罗勒叶辣香猪肉饭,口感温和的甜酸鸡肉饭。挪威馆向观众提供三文鱼、挪威天然净水、挪威烈酒Akevitt、鱼肝油、驯鹿肉、羊肉等挪威特产。你若是个急性子,想多走走,就到葡萄牙馆,尝上几个蛋挞,体会一下葡萄牙美食的质朴与醇香……这里,是一个浓缩的美食星球。

在世博轴西侧的餐饮中心,是园区内最大的餐饮点。餐饮中心设有中国美食城、中国八大菜系、巷里风情等美食区域,是集南北特色餐饮于一体的就餐休闲之地。代表全国各地经典美食的30多家餐饮企业在世博会期间为游客提供服务。粤菜的榴莲酥、卤水鹅肝,鲁菜的双菌煨豆腐,川菜的水煮鱼,浙菜的蛋黄肉粽,闽菜的沙茶云吞面,湘菜的毛氏红烧肉……应有尽有。入驻的餐饮企业既有出身名门者,也不乏后起之秀。如北京的全聚德、天津的狗不理、澳门的葡京茶餐厅、香港的利满美美心酒家和台湾的老董牛肉细粉面店。肯德基、老娘舅、真功夫、大娘水饺、沈大成、五芳斋、永和豆浆、东方既白、汉堡王、真锅咖啡、必胜客、星巴克、两岸咖啡、棒约翰、吉野家、味千拉面、杏花楼、浦东假日酒店、正大美食街、和记小菜、知味观、小南国、采蝶轩、俏江南、苏浙汇……世博会,提供了向世人展示中国餐饮文化的良好机遇,也是改革开放后,中国餐饮业整体实力的一次大检阅。

中国人是这个星球上最为勤劳的民族。多年的教育使我们知道,工作要勤勤恳恳,任劳任怨。其实,"不会生活就不会工作"。柴米油盐,锅碗瓢盆,闲情逸致一样也不能少。世博会期间,有条件的,何妨放下手中的劳作,去世博园转一转,走一走。喝杯茶,吃个饭,感受世界现代文明的脉动,与人类文明做一次精彩对话。若此,你将能融入世博,成为世博这部鸿篇巨制中的一抹亮色。

——原载于 2010 年 6 月《餐饮世界》杂志

招幌：吊起你的胃口

店家招幌

早些年，店家的招幌、酒旗都被当成"四旧"，扫进了垃圾堆。改革开放的春风让许多优秀的传统文化重见天日，一些名店名号也将昔日的旧招幌重新亮相，使食客们倍觉新奇、亲切，这猎猎飘扬的酒旗、招幌，竟成了历史的见证。

古时，五行八作，但凡是商家店铺（或是沿途叫卖的小贩），门前总得悬个醒目的标识，人们看到这标识，便知道这家店铺做的是什么买卖。这个标识，旧时称幌子。幌子也分几等。简单一点的，店家用一布头缀于竿头，悬在店门前即可；复杂一点的，旗帜精工细作，布料讲究，旗上不仅绣有店家名号，还有动物花卉图案，滚上花边，挂在高高的旗杆上，食客老远便可瞧见。

酒家悬挂酒旗的习俗起于何时？这里不去考证。远在唐代，曾中过进士，当过水部员外郎的诗人张籍《江南曲》中便有"长干午日沽春酒，高高酒旗悬江口"的诗句。

酒旗的俗称很多，各朝各代各地叫法不一，如酒幌、望子、幌子、酒帘、酒标等。古籍中多有记载，如孟元老《东京梦华录·中秋》中有:"至午、未间,家家无酒,拽下望子。"酒卖完了,便收起招牌。李中《江边吟》:"闪闪酒帘招醉客,深深绿树隐啼莺。"诗人为我们描绘了一幅世外桃源:小桥流水,绿荫森森,莺歌燕舞,且有美酒相伴。该拥有的都拥有了,夫复何求?《长生殿·疑谶》:"我家酒铺十分高,罚誓无赊挂酒标。"这家铺子的酒虽好,门槛可高,腰里没带足银子最好别进去,他家的酒不赊账,打白条不管用。

有的铺子既卖酒水,也出售饭菜,幌子如何挂?这也不难,老板干脆就在门口挂上两个幌子。东北一带居民至今仍称那种既卖酒又卖菜的馆子为"双幌馆";将只经营普通小吃,如早点铺、夜宵店、馒头铺、烧饼店、粥店、饺子店等小铺,统称为"单幌馆"。还有挂四个幌子的,代表"四面八方",经营南北大菜。

在老北京,饮食业(旧称勤行,油大行)店铺的招幌也是异彩纷呈,颇有讲究,其中还有不少动人的传说和掌故。这里简单介绍几种。

米醋作坊幌子:民间历来有"杜康造酒儿造醋"的传说,因此酿醋业多奉杜康儿为祖师。在老北京悬在米醋作坊门前的幌子多为一块黑底长方形的木牌牌,中间是一装醋的葫芦,牌下带一耀眼的飘带。

肉铺幌子:过去许多地方的屠宰业奉张飞为祖师,因俗传张飞是屠户出身。肉铺幌子其形制似军人射箭用的大弓,弓倒挂着,弦上挂了六七条既像肉肠、又似肉干的布条,布条长的长、短的短,油渍麻花,虽较为丑陋,却易招人眼球。

饽饽铺幌子:饽饽,北方一带对"馒头"的俗称,有的也包括糕点、饺子。《红楼梦》:"这里有饽饽,且点补些儿,回来再吃饭。"饽饽铺的幌子不是插在店门前,而是插在房顶两头,其形制十分有趣，一根长竿上好似穿糖葫芦般插了一大一小的两只草馒头。

糕干铺幌子：老北京制作糕干的专用工具为糕干甑子，其呈正方形，由4块木板组成，每块板长40厘米，厚2厘米，高3.3厘米，两端各有一个1.5厘米的缺口，将4块木板缺口组合，即成糕干甑子。糕干铺的幌子除了上下两端的装饰，中间部分便是三块大小一模一样、两端各切去一角的木牌。

切面铺幌子：切面俗称"杆面"，指水和面团，或加盐、碱后擀制成片，再切成丝的面条。切面铺幌子的形状非常简单，其形状像倒挂的一把大毛刷子，风吹处，毛须飘飘扬扬，像依依垂柳，当然更像抖散的面条。

酸梅汤贩的幌子：旧时酸梅汤贩奉明朝皇帝朱元璋为祖师，将所用的幌子铜招子和作货声之用的冰盏碗儿说成源自朱元璋，传说：朱元璋在起兵之地襄阳施舍酸梅汤时，使用铜招子作"商标"，其形状是铜座上立一铜柱，柱上有一铜月牙，因朱元璋做过和尚，为肖形和尚所用之"月牙方便铲"禅杖形制，故用月牙作标志。

——原载于1999年1月29日《中国商报》美食专刊

中国现代化进程与乡土菜流变

但凡中国人，成年后无论是从乡村走向小镇，走向城市，甚至跨海越洋，走向全球的四面八方，总会有一个乡土情结。那家乡的一草一木，一砖一瓦，特别是每日三餐都要食用的带有浓郁地方特色的乡土菜、乡土风味小吃、地方特色点心，总会勾起中国人浓浓的思乡之情，年岁越长，这种情愫越是不能自已。

笔者在餐饮业从业多年，深知乡土菜在国人及餐饮人心中的分量，为了中国餐饮业今后能不断创新，不断前行。今抛砖引玉，尝试一探乡土菜。

一、中国现代化进程对乡土社会的深刻影响

1. 乡土菜释义

何谓"乡土菜"？笔者目前还没有查到一个完整而权威的释义。《辞海》不收录"乡土菜"，只有"乡土"释义：家乡；故乡。《列子·天瑞》："有人去乡土，离六亲……"亦泛指地方，《晋书·乐志下》："乡土不同，河、朔隆寒"。《辞海》此条目特指各人之家乡与故乡，主要着眼于地理概念。《现代汉语词典》（第7版）亦只收录"乡土"：本乡本土；乡土观念；乡土风味。"乡土风味"一说算是与"乡土菜"沾上了边。但也只是浅尝辄止，未有更多解释。

再看看专业权威书籍，中国大百科全书出版社出版的《中国烹饪百科全书》一书中，在"中国菜"条目中，除了主要省份菜点，还列有清真菜、素菜、清宫菜、孔府菜甚至仿唐菜、仿宋菜，唯独没有乡土菜的介绍，只列了黄焖肉、腐乳扣肉、叉烧肉、滑熘里脊等32道

跟乡土菜沾点边的"民间家常菜"。在中国商业出版社出版的《中国烹饪辞典》一书中，亦未收录"乡土菜"，但有与乡土菜多少有关的两个条目，其一为"乡味"：故乡的食物。元稹《春分投简阳明洞天作》："乡味尤珍蛤，家神爱事乌。"其二为"民间食品"：城乡居民日常食用的主食、副食、小吃等的概称。区别于饭店、酒楼供应的肴馔。

既然专业典籍中没收录"乡土菜"一词，为叙事方便，我这里权且综合以上解释，将"乡土菜"一词释义如下。

所谓"乡土菜"泛指中国广大乡镇的某特定区域，乡村厨师或农家烹饪能手利用当地特产的烹饪原料，制成的具有浓郁乡土风味的菜肴（其中还包括点心、小吃、方便食品），乡土菜（外延应还包含田园菜、民间菜、山野菜、家常菜等地方风味菜概念）的制作对从厨者烹饪技艺的要求不如专业厨师高，菜肴制作工艺流程相对城市餐馆菜肴简单，但由于使用原料特别新鲜，菜肴风味别致，深受当地居民喜爱，它是中国各省市地方风味的来源、基础和重要组成部分。

2. 中国现代化进程对乡村生活方式的影响

如果我们将时钟往回拨170多年，当大英帝国用坚船利炮，敲开了清政府闭关锁国的大门，这个位于地球东方的古老王国，便开始了走向现代、救亡图强的运动。鸦片战争后，中国被迫开放通商口岸，这时的中国不得不面对残酷的现实——虽然我们曾经有过辉煌的农业文明，农耕文化发达，但已经完全错过了工业革命和科技文明。西方已经在这个过程中先行了几百年。此后的一百多年里，中国在半殖民地半封建的状态下跌跌撞撞、举步维艰。多少仁人志士，前赴后继，开始了建设"现代中国"的征程，从康有为、梁启超开始的"戊戌变法"，到孙中山领导的"辛亥革命"，目的只有一个，就是

"富国强兵",国家要有钱,军队能打仗,这个就是纲,其余都是目。民众一些民生需求,都成了奢侈品。因此,对于散落在中国大地上的乡土菜的研究,当时的政权统治机构都不会重视,各地乡土菜的发展也处在自然生长状态。有些经济富裕的地区,乡土菜的出品无论是品种还是制作工艺,都已经相当考究,并已产生溢出效应,有些品种不但被城里餐馆吸收,而且流传海内外。但国内中西部乡村及一些偏远山区,因为经济落后,有些尚处在温饱线之下,乡土菜的出品相对比较粗糙,对外流传较少,大多数还处在深闺之中,但也正因如此,较好地保存了原生态的乡土菜风貌。

1949年以后,党和政府建设"现代中国"的目标一刻也没有停止,整个国家都处在现代化的艰辛探索之中,虽然运动一个接着一个,但中国经济并没有得到飞速发展,在"文革"后国民经济反而走到了崩溃的边缘。那时候,一个现代化的中国离我们仿佛还很遥远,能够饱餐一顿美味的乡土美食,成了祖国大地许多中老年人遥远的回忆。

改革开放后,社会主义市场经济得到建设,改革开放的春风,使中国人越来越富有。我们见证了中国40多年的经济超高速增长。这40年的复合增长率平均为9.4%。按实际价值计算,中国40年来国内生产总值翻了37倍。在人口方面,通过全球化、加入WTO,中国乡村数亿名年轻劳动力得以走出乡村,迅速融入全球经济。过去国人梦想中的现代化的蓝图——电灯电话,楼上楼下,出门坐汽车,天天有肉吃……这现代化在不经意间实现了。

今天,中国的城市化率已经达到了50%以上,在14亿国人中,多半的人已经开始了城市生活,越来越多的人住进了高楼大厦,但与此同时,许多人感觉,他们的幸福指数并没有随着财富的增加而增长，这是为什么？

许多学者在思考这个问题，近百年来，我们太注重"物"，并没有过多地考虑每个单一个体——"人"本身的需求，国家的大目标与个体的小需求脱节。因为，每个个体对生命的意义，生活的情趣，人生的追求是千差万别的，不可能步调一致，全国一盘棋。每个人都会有一个心灵的港湾，一个回得去的故乡。

许多城里人在周末、假日，会逃离那城市的水泥森林，逃离那充满雾霾的空间，逃离那喧嚣的人流车流，来到农村集镇，来到故乡，想寻找往日的记忆，尝一口饭店里的乡土菜老味道，却大多失望而归，顿感田园荒芜，风味全非。

今天的中国农村，历经百余年来的战乱、变革、动荡，一个个大时代的碾压，早已不是当年的模样，有的成了高楼林立的新农村，有的成了荒废的小村落，富裕乡村居民的衣食住行和城里人已经基本雷同，饮食习惯从原料到制作也大同小异，许多人发现，印象中的故乡已经回不去了。这时候，许多有识之士开始大声呼吁，需立刻组织一批专家对乡土菜进行收集、归纳、编录整理、研究等方面的抢救性工作。

二、当代中国乡村现状与乡土菜形成的地缘因素

1. 当代中国的乡村现状

根据国家统计局的数据，1978年的时候，我国只有0.69亿人在工业领域，0.49亿人在服务业（粮站、信用社、供销社等），剩下的人都在农业，整体而言，当时的中国是个不折不扣的农业大国。改革开放40多年来，中国的乡土社会已发生深刻的变化。从最基础的人员结构上来看，已有几亿农民离开故土，从乡村来到城镇，从中小城

市来到大都市,从广阔贫瘠的西部来到繁华发达的东部,许多乡村甚至曾经著名的乡镇都已渐渐人去楼空,日夜凋零。国务院参事室特约研究员刘奇有感于中国乡村发生的巨大变化,曾在《领导文萃》杂志上发表《中国乡土社会正在发生十大转变》[1],这十大转变分别为:社会主体由稳定性向流动性转变、社会生活由同质性向异质性转变、社会关系由熟悉性向陌生性转变、社会空间由地域性向公共性转变、社会结构由紧密性向松散性转变、社会细胞由完整性向破裂性转变、社会文化由前喻文化向后喻文化转变、社会价值由一元性向多元性转变、社会行为由规范性向失范性转变、社会治理由权威性向碎片性转变。以上十大转变表明中国传统乡村方方面面都发生了重大变化,已是不争的事实。

虽然当代中国尤其是乡村仍然保持着一些传统家庭、家族组织,中国人至今还是相当看重家庭、看重亲情、服从长上,但是,城市化、小家庭化、人口流动,使得家庭、社会和国家的结构关系发生了显著变化。过去那种密切的、彼此依赖的邻里、乡党、家族关系,已经在现代化过程中逐渐消失了。人们常说,基础不牢,地动山摇。基于此人文基础之上的各地乡土菜,会不会随着人口的变迁而改变、失传?这应该是中国餐饮人必须思考的紧迫问题。

当然,我们也要充满信心,不管乡土社会如何转型、怎样变化,中国人以乡镇为基点的活动空间不会变,中国人以土地为基础的生存依托不会变。乡村振兴已经成为这个时代的最强音,乡村要振兴,首先应认清乡土社会正在发生的巨大变化。研究乡土菜,也要从这些变化入手,调整我们的研究方法、方向,不仅要做好乡土菜的传承与保护,更要做好乡土菜的改良与创新。让乡土菜活起来,动起来,走向餐馆,走向市场,真正为百姓所享用。

2. 中国乡土菜形成的地缘因素

中国是一个拥有960多万平方公里领土的国家,东部面对的是一望无际的大海大洋,西南部是世界屋脊喜马拉雅山脉,一道人类几乎无法逾越的屏障,西北部除了辽阔、冰冷的内蒙古大草原,更有大片浩瀚的高山、沙漠,整个版图在欧亚大陆东部是一个相对封闭的地缘世界。而且在中国区域内,省与省之间,甚至邻县、邻村之间,由于河流和山峦阻隔,又形成了十里不同风、百里不同俗的民俗地域特征。先民们充分利用当地资源,靠山吃山,靠海吃海。随着春夏秋冬四季变换,各种当地特有的水产走兽、田间蔬菜走进了先民们的餐桌,烹饪艺术在长期的发展过程中,产生了全国各省各县各村数不胜数的乡土菜,在各省市乡土菜的基础上,不仅形成了后来闻名遐迩的四大菜系、八大菜系,还形成了现在的中国菜系。由于各地的特产、风俗、所处地形、气候的不同,各地乡土菜呈现出或清淡平和、追求本味;或咸鲜润滑、以清爽见长;或浓油赤酱,鲜甜滑嫩……最终形成了祖国大地万花齐放、五花八门的乡土菜体系。

三、乡土菜的味感差异与文化底蕴

1. 乡土菜的味感差异

俗话说,一方水土养一方人。每个地方都有自己独特的乡土美食。但每个人对美食的定义差别是非常大的,一盘乡土菜上桌,你可能看不上眼,甚至觉得难吃。但在别人嘴里,却可能是美味佳肴,乃至一提菜名就兴奋莫名,以为天下至味。于是乎,人们便归结于"萝卜青菜,各有所爱",我则称其为乡土菜的"味感差异"。

味感差异是如何形成的?一般来说,人是通过口、舌、牙等器官相互作用而"食"的。在人们的舌头上长有许多凸出的细小乳头,称作味蕾。味蕾中分布着许多味觉细胞。进食时，口中的唾液将食物中的各种成分溶解。味蕾细胞受到各种食物的刺激，产生兴奋，形成神经冲动，再经大脑综合分析而产生味觉。

食物的酸、甜、苦、咸、鲜，由舌头上的味蕾来感受；牙齿咀嚼食物时体会其软糯、筋道、顺滑、香脆，即食物的口感；更细致的"味道"则由食物在咀嚼过程中散发的气味，经后鼻孔进入鼻腔，通过嗅觉来感受。

尽管产生味觉的原理相同，但由于年龄、性别、生活习惯等生理上的差异，人们对味的感受力却不尽相同。青少年味觉功能灵敏，喜爱食用美观、富于变化、滋味浓郁的菜肴；老年人生理素质下降，肌肉骨骼开始老化，心理结构趋于稳定，因此味觉功能不可避免地有所减退，便会出现辨不清咸淡，吃东西不香等现象。

不过，人们的生理因素还不是形成味感差异的关键。在这里，自然因素与社会因素对味感差异的形成起着决定性的作用。前面说到，我国幅员辽阔、人口众多，几乎各民族、各地区都有自己独特的乡土饮食习惯。每一个历史悠久的乡镇乡土菜，都有其独特的制作方法与风味。在口味上，或清淡细腻，或嗜麻辣，或嗜生猛……如果以这些乡土菜涉及的范围在地图上划成相对独立的板块区域，不难发现，形成"味感差异"的自然因素是显而易见的。

乡土菜"味感差异"的形成，还有社会因素。例如，过去富裕地区乡绅家庭的筵宴，虽然隆重却过于拘谨，菜肴精美却又太过于烦琐，再加上就餐时一大堆必行的礼仪，旁人看来简直是受罪。倒是乡村农家每逢重大节日，或遇到红白喜事，所制乡土菜虽是粗瓷大碗，但烹饪原料可能是当时当地最新鲜、最好的，例如，土鸡、土鸭、黑山猪、草鸡蛋、野菜等新鲜动植物原料在乡村不仅易得，而且便宜，不用像城里餐馆大厨要想着原料是否难得，是否太贵，客人吃完是否认账？乡村红白喜事，所请的厨娘或厨师手艺可能没有城里的厨师好，乡村的美厨娘可能只会一道拿手菜，她的刀工可能不太出色，煎炸爆炒的手艺也不太好，出品也不太会讲究装盘和配色，但是她在这道菜的味道上是会非常用心的。其实说到底，不少美食其实并不需要太多的烹调手段。更重要的是，乡村厨师即使做得一手好菜，流动性也极低，因为信息不对称、隐性门槛等原因，她（他）不会被城市高档酒楼餐厅挖走，这样的乡村厨师在祖国大地人数众多，他们能做一手地道的乡土菜却不为人所知。这样的乡土美食，偶尔吃上一次，便使人终生难忘。

2. 乡土菜的文化底蕴

乡土菜是一摞老碗，是一摞从遥远的祖先手中传下缺了边的老碗。

它出自久远的土窑，釉色暗淡，声音沉闷，它曾无数次地被打破，又用细密的铜钉锔起。年景好的时候，它盛过红烧猪肉狮子头、蹄髈土鸡清蒸鱼，碗中飘散的是房前屋后的黄菘青韭、紫菜薹红叶的清香。古时碰到灾年、无道昏君或兵荒马乱的时候，它也可能盛的是汤清米可数的残粥剩饭，树皮草根观音土。

青山碧水，蓝天白云，炊烟袅袅的广袤原野上的普通百姓、耕读人家，"孤舟蓑笠翁，独钓寒江雪"的渔翁渔婆，深山密林中的猎人庄园，都是乡土菜的烹饪高手。不管是鱼米之乡还是穷乡僻壤，乡土菜总是不绝如缕，生生不息。如果将中国的各大菜系比作飞龙在天，那么，纵横九州的乡土菜就是这大江大河中的金鲤白鲢，细鱼嫩虾，平常，它们在水中欢喜嬉戏，一旦时机成熟，它们也会纵身一跃，飞过龙门。盱眙龙虾，阳澄湖青蟹……都曾是老碗中盛过的乡土美味，现在身价倍增，成了高档酒楼餐馆高级宴会中的压轴大菜。

乡土味是一把五香豆，它曾在老碗中盛放经年，童年时吃过，至今依然齿颊留香。它曾陪伴我们一天天长大，它珠圆玉润，焦香四溢，每一粒油光晶亮脉络分明的果实上，都铭刻上了乡土菜的酸甜苦辣，她时而从你眼前的老碗中升腾，时而又似随风而去的轻烟。大多数时候，乡土菜与城里大菜馆的风味截然不同，过去，菜馆中的师傅常说的一句话是"油多不坏菜"，而乡土菜的特点是清淡少油不勾芡，能清蒸的绝不用油炒，能油炒烹煎的大都不用油炸。乡土味总是剑走偏锋，时而苦咸，时而臭不可闻，却入口绵甜。

乡土情是一双温暖的手，是一双曾经细腻，被生活磨砺得早已干裂粗糙，依然温暖如春的双手。

就是这双手，曾经托着老碗，一口一口地将我们喂养，不管是羁旅异乡，还是远走他乡的游子，心中都会紧握着那一双大手。回到故里，几餐乡土菜尝过，浓浓的思乡情结顿时化作绕指柔。二十亩地一头牛，老婆孩子热炕头，曾是我们嘲讽的祖辈老旧的价值观。其实我们的血管里无时无刻不流淌着对乡土的热恋，对乡情的眷顾。

四、乡土菜的传承与创新

1. 乡土菜的传承与保护

我国古代大多数朝代以农立国，士农工商，农排第二，所谓"诗书传家远，耕读继世长。"我国传统农业社会呈现的是一种自治的状态，绝大多数的乡村事务，朝廷不会过问，即使极少数官方要办的事务，也主要由乡绅出面，由乡村自行办理，朝廷只不过给个名义或者给些钱财补助。某些重大活动，人员往来，吃吃喝喝的事务需要有人张罗，乡土菜就在这种"三不管"的环境中自然成长，加上许多在朝为官的大户人家，一旦辞官或是告老还乡，不是像现在这样住在城里，而是大都回到故乡本土，带回了任职地方的菜肴风味，也促进了当地乡土菜的发展。

在古代小城镇，也有商家、农家生产食品，在市集上供应。那时候糕点、小吃，花样可能比今天还多。食品卫生条件、防范措施可能没现在这样讲究，但在乡土菜里乱添东西，以假作真，以次充好的事，却很少见。经过历朝历代无数厨师、厨娘口口相传，代代相传，中国各地乡土菜就这样一路传承到了今天。

中华人民共和国成立，特别是改革开放以后，中国烹饪事业有了巨大的发展，中国人从温饱走向了小康，在吃的事情上，终于有了充分的选择权。为了更好地将有特色的地方风味、乡土菜推向市场，推向社会，党和政府、各地协会、餐饮企业、各地烹饪专家都做了大量工作。例如，中国烹饪协会每年都会举办助推乡村振兴的活动，2021年12月7日，在一年一度的沙县小吃旅游文化节期间，中国烹饪协会在三明市沙县区主办了名为"赋能沙县小吃，助推乡村振兴——2021年沙县小吃产业发展论坛"。中国烹饪协会会长傅龙成出席活动并致辞："沙县小吃近年来取得的成就有目共睹，沙县小吃不断创新发展、转型升级，成为全国小吃的榜样。挖掘地方小吃，可以作为各地域推动城市化、乡村振兴的重要举措。此外，做大做强小吃产业链上的各个环节，可将小吃文化发扬光大，成为各地域新的经济增长点。"

在全国各省市，为促进当地旅游经济发展，乡土菜也成了一张可打的王牌。在苏北重镇盐城，为促进盐城市乡村旅游发展，展示特色乡村美食，打造乡村美食品牌，提升全市餐饮接待水平和游客满意度，推进精品旅游线路建设，盐城市政府每年都会举办一些乡村美食大赛。2016年10月22日，在由盐城市旅游局等部门举办的2016盐城市首届乡村美食大赛上，笔者作为大赛的特邀评委参加了这次活动，亲身领略了主办方对乡土菜传承与保护的重视程度。

在那次乡村美食大赛上，主办方对参赛者提出的两点要求引起了我的注意。原料要求：（1）必须是符合国家标准的绿色、无公害农产品；（2）必须是本地特色的优质农副产品等，即菜肴主料必须是地产原料；（3）不使用国家禁令食用的烹饪原料和野生动物。烹饪工艺要求：烹饪过程中不得使用有害健康的添加剂，对食品营养成分不应有破坏作用。由此可见，"本地特产"与"健康饮食"是主办方最重视的两个要素。

过去一直如"养在深闺人未识"的地方乡土菜，如今随着全国人口的广泛流动、现代多媒体的快速传播渐渐为众人所知。但由于某些乡土菜的原料要求和制作工艺烦琐，某些商家为了尽快将一些知名的乡土菜推向市场，便采取了变换原材料、减少制作工艺流程的方法，这样许多人慕名而来吃到的某些乡土菜，已面目全非。如何更好地传承和保护乡土菜，各地政府、行业协会、餐饮企业及厨师还有许多功课要做。

2. 乡土菜的改良与创新

千百年来，由于地缘阻隔及众人的味感差异等原因，大多数乡土菜只在小范围内流传。但也有许多原本默默无闻、偏居一隅的乡土菜，随着知名度提升及受众的日益广泛，如今已成为当地甚至全国各地著名餐馆的招牌菜，这方面的例子数不胜数。我们从央视《舌尖上的中国》播出后，其中的一些乡土菜的热销便可感受一二。

目前，对乡土菜的研究、改良及创新工作，业内已有一些有心人在研究，甚至一些厨界大师也放下身段，痴迷于此。例如，曾长期在中国驻英大使馆、驻美大使馆任厨师长的盐城籍中国烹饪大师王荫曾，默默钻研乡土菜几十年，在2014年出版了《亲民化的美食——粗菜细做菜品开发》[2]，全书列举了近千道盐城地区的乡土菜肴。他在《导言》中写道：厨师的艺术最高境界，就是用一般的、家常的、大众化原料，创造出好味道的菜品，创造出最大的价值。不一定是用燕、鲍、参、翅、肚等高档食材做出来的菜品才叫高档菜。眼下，粗菜细做，渐渐成为餐馆发展的一大趋势，粗菜细做，实际上是采撷传统菜、乡土菜、民间菜、农家菜、寺院菜、私房菜、家常菜、家庭菜，以及普通宴席上的某个菜肴，再进行改造创新的新菜种，是各类民间菜的融合体，是菜肴出品的又一提升，粗菜细做，也体现了菜品不断地在回归自然，返璞归真，适应广大民众的心理，更符合广大百姓的口味，也进一步体现了烹饪文化在历史中继往开来。

经王荫曾大师之手，盐城地区的众多乡土菜得到了改良与创新，升华为当地一些知名餐厅的名肴，获得了众多食客的认可，众多盐城乡土菜能够再次闪亮登场，王大师功不可没，乡土菜也实至名归，回到它应有的位置。我深深感到，王荫曾大师的研究方法与心得，对国内其他正研究本地乡土菜的业内人士有巨大的启迪作用，应成为研究者们学习的榜样。

随着乡土社会的改变，乡村人口的大量进城，乡土菜的继承与保护、改良与创新已经时不我待，需要政府、行业协会、企业、媒体、学校、社会各方面行动起来，下大力气像保护"非遗"一样保护乡土菜。道理很简单，因为原来聚集在此的人口，一旦大量离开，失去了乡土菜原有的消费人群，乡土菜也就成了无根之木，无源之水，慢慢地真的就消失了。

民以食为天。过好每一天，从乡土菜开始。

参考文献：

[1] 刘奇. 中国乡土社会正在发生十大转变 [J]. 党政干部参考，2018，19：35-36.

[2] 王荫曾. 亲民化的美食——粗菜细做菜品开发 [M]. 中国人文科技出版社 江苏凤凰出版传媒集团，2014.

——原载于2022年《中国餐饮年鉴》

餐饮经营中的原料采购与时令节气

人们常说,车马未动,粮草先行。又有言,巧媳妇难为无米之炊。一桌成功的宴席,除了大厨的手艺,采买之功居其半,而采买之人,对各色原料最佳食用"节气"的把握,须有相当深厚的知识。中国的各地菜肴能够色、香、味、形、质俱佳,为世人所赞誉,原因无二,盖因我国幅员辽阔,物产多样,而且随着天地阴阳"节气"变幻,烹饪原料种类也会因时更换,四季有别,使我国各地烹饪显示出独特的地方特色和浓郁的东方魅力。自进入20世纪,特别是改革开放以来,我国的整体经济突飞猛进。随着农业现代化的逐步实现,过去靠天吃饭的养殖和种植业更新换代,效益大幅度提升。作为餐饮业中烹饪主要原料的鸡鱼肉蛋、瓜果蔬菜,除了因时因季的自然生长,动物类原料大量的人工养殖,瓜果蔬菜类的大棚栽培甚至是无土栽培,使常用动、植物烹饪原料脱离了季节性的限制,一年四季均可食用,我国人长期形成的因时而食的观念受到一定程度的冲击。但由于某些人工养殖原料售价的高企,风味的改变,食客满意度也随之下降。在餐饮企业,如何做到原料进货时既能控制成本,又能保持原料的原有风味,让食客满意,一年四季因时采购还是管理者必须要做好的课题。

一、烹饪原料的时令特征是中国各地风味形成的物质基础

由于我国地形复杂,大江大河、山峦丘陵阻隔,形成了"十里不同风、百里不同俗"的地域特征,各地居民靠山吃山,靠海吃海。烹饪原料春夏秋冬四季分明,烹饪艺术在长期发展过程中,逐步形成

了各种不同的风格和流派。我国各地烹饪原料出产的不同,使各地菜肴的重心有别。在中国,川、鲁、淮扬、粤四大菜系形成历史较早,后来,浙、闽、湘、徽等地方菜也逐渐出名,就形成了我国的"八大菜系"。如今更是百花齐放,各省区市地方风味遍地开花了。在川、鲁、粤、淮扬几大菜系中,以淮扬菜为例:淮扬菜以扬州、淮安为中心,肴馔以清淡见长。历史上,扬州是我国南北交通枢纽,东南经济文化中心,饮食市场繁荣发达。周总理在开国大典招待会上,用的就是以淮扬风味为主的菜肴。淮扬菜味道讲究清鲜平和,追求本味、时令性强是江苏风味的基调。无论是江河湖鲜,还是禽畜时蔬,都强调突出一个"鲜"字,鱼要鲜活,鸡最好是现宰,蔬菜要应时应季,新鲜上市。江苏为物产丰饶的鱼米之乡,资源十分丰富。著名的水产品有长江三鲜(鲥鱼、刀鱼、河豚),太湖银鱼、南京龙池鲫鱼、太湖莼菜、淮安蒲菜、宝应藕、板栗、鸡头米、茭白、冬笋、荸荠等。此外,禽畜类的南通狼山鸡、扬州鹅、高邮麻鸭、如皋火腿、靖江肉脯等也闻名遐迩。在淮扬菜中,动植物原料的季节性也特别明显,讲究什么时候吃什么菜。例如,苏北盱眙小龙虾,从5月开始起捕,吃到9月底便全面结束。著名的阳澄湖大闸蟹,讲究农历九月时食雌蟹、十月食雄蟹,此时的大闸蟹滋味最为鲜美。在蔬菜中,不说蒲菜、马兰头、青蚕豆、水芹、莼菜等金贵品种,就说最普通不过的大蒜,也是一年四季有别。在江苏人的餐桌上,一年四季都可见到大蒜的踪影。数九寒冬,蒜黄陆续上市。在缺鱼少菜的北方,此时的蒜黄尤其显得珍贵。寒冬腊月,农家种的早大蒜已长出嫩嫩的蒜瓣,此时是制作"腊八蒜"的关键时刻。立春前后,市面上可见到少量的蒜薹,此时,它的质地细嫩,鲜而微香,适作炒菜的配料。谷雨前后,蒜薹大量上市,此时的蒜薹鲜、香、辣兼备,可炒,可烧,可腌,可泡,亦可制成蒜薹干以作来年菜荒时用。食用时间最长的，还数青蒜和蒜头。青蒜从 8 月起，可吃到次年的 3 月。嫩青蒜宜生烫凉拌，至于蒜头，虽是成熟得晚，但其易于保藏，所以一年四季，总也少不了它，从一蒜可管中窥豹，一览淮扬菜讲究四季有别的情怀。除了淮扬菜，别的菜系对烹饪原料一样考究，齐鲁大地，四季分明，食物出产也应时应节，如春季菜肴多用韭菜、香菜、香椿、荠菜之类，菜肴多以平和润滑、清爽见长。夏天则以清淡的汤菜、凉菜、蔬菜类菜肴为主，烹调肉类海鲜一定用姜、葱、大蒜等调味，生姜温暖脾胃，大蒜消毒杀菌，冬天讲究口味厚实热量丰富之品，羊肉动物类食品、火锅成为冬季主打品种。胶东民间有"春吃鲈子，秋吃鲅子""冷水蛎子，热水蛤""豆黄蟹子麦黄鳖""夏吃长脐（雄蟹），秋食团（雌蟹）"等谚语和桃花虾、桃花蛸、雪花肠子、春虾等俗称，可看出胶东人吃海产品的季节性。 因时而烹，因时而食，是饮食文化中的固有定律。从这里不难看出，烹饪原料的时令特征是中国各地方菜系形成的重要基础。

二、因时采购是餐饮企业控制成本、保证特色的法宝

人们常说，餐饮业是个良心行业。良心所在，首重食材。最好的食材是当地当时的，一方水土养一方人，本地的时令特产是本地最大的特色，是最养本地人的，是性价比最好的原料，也是企业最易形成特色的路径。再高明的厨师，若不用跑腿老母鸡，再嫩的洋白条鸡也做不出一锅好鸡汤。一个好的老板，经营餐馆的时间越长，越重视本地时令原材料，越喜欢原汁本味、清淡醇和、自然清新、传统经典，而反感过度烹饪、过度调味、矫揉造作、自以为是的料理风格。

四季变化对烹饪原料的好坏极有关系。就市面上常见的蔬菜来

说，老了、过季了，便是全盛已过，口味也变差了。随季刚下市的品种，此时虽然新鲜，但价钱贵，对餐饮业的采买来说，此时并非大量进货的上选，总要在大量成熟的早期，味既完美达到标准，同时还新颖，这时进货最为合适。海鲜、肉类情形亦然，不过其鉴别需有专门的素养。目前，党和政府对食品安全越来越重视，食品安全早已被提高到了法律的高度。餐馆老板对食材除了价格高低、季节时令、品质好坏，还要实行原材料的可追溯，从源头上抓起，出了食品安全问题能找到正主。

目前，在中国餐饮业，有条件的餐饮企业为了能保证原材料的基本风味，除了在市场采购，还自办蔬菜、水鲜动物养殖基地。为了帮助餐饮业者和各地农户的信息沟通，全国各地政府也举办了很多农餐对接的活动。例如，2018年6月12日，中国网报道的湖南省郴州市举办的夏季菜品品鉴交流会。交流会上，除了重点推出了桂阳"和平豆腐"，安仁"泥娃鳅妹"深加工系列泥鳅产品，苏仙"钰丰"牌豆豉、辣椒酱等，还有50多种鲜活农产品食材，引发了与会200多家餐饮企业热烈反响。该市餐饮商会会长黄志峰表示，郴州餐饮商会将致力两个大任务：一是继续做好特色菜、精品菜，为全市人民提供健康、营养美食；二是推动全市餐饮业与农产品对接，为农业企业架设桥梁，把特色农产品推介到餐饮酒店，做好精准扶贫，拉动全市农业发展系数，更好地提升食材质量和数量，促进餐饮业的蓬勃发展。交流会上，来自广东深圳、韶关，湖南衡阳、长沙等地的商家与参加品鉴会的农业企业签订了采购合同。作为餐饮企业的企业家，一定要重视本地时令食料的采购，这是形成本地特色的基础，负责原料采购的人员，除了要多和厨师沟通，还要从关注食材做起，了解食材，尊重食材，做食材的朋友，注意食材的上市时间及产地，关注产地及时令能让你买到最好的原料，烹调出最好的菜肴，最易形成企业的特色，企业也最易成功。作为厨师，本地时令食材是形成自己风格的保证，也是聪明厨师的首选，在烹饪加工过程中，也要会去其糟粕，取其精华，物尽其用，向每一位食客展示每种食材最美好的味道和口感。

三、四季有别、因时而食是国人养生保健的优良传统

中国人常说，病从口入。吃上不注意，难免会生病生灾。孔子除了说过"食不厌精，脍不厌细"，还有一系列"不食"的主张，如"鱼馁而肉败，不食。色恶，不食。臭恶，不食。失饪，不食。不时，不食。割不正，不食。不得其酱，不食。……"说明当时的鲁菜已经相当讲究科学、注意卫生，孔子所说的"不时，不食"，这里的不时除了一日三餐，应该还有对菜肴原料季节性的追求。

《黄帝内经》中明确指出："五谷为养，五果为助，五畜为益，五菜为充。"讲的是膳食结构，均衡营养。如果在一年四季中，能够平衡饮食，顺应春生、夏长、秋收、冬藏之大道，按照五行规律，春养肝、夏养心、秋养肺、冬养肾。春温清淡，夏热甘凉，秋季生津，冬季温热，则会收到天地俱生，万物以荣之大效。

春天，万物复苏，阳气升发，人体之阳气随之升发，饮食上选用助阳食物，如葱、荽、豉等，使聚集一冬的内热散发出来，饮食品种也由冬季的膏粱厚味转变为清温平淡，多选一些春季的芽菜鲜蔬。中医多主张："当春之时，食味宜减酸益甘，以养脾气，饮酒不可过多，米面团饼不可多食，致伤脾胃，难以消化。"夏天酷热多雨，暑湿之气易乘虚而入，人们易食欲降低，消化不良，厌食肥厚。在膳食调配上，注意食物的色、香、味，尽量引起食欲，使身体得到足够营

养。中医认为：夏季阳气盛阴气弱，宜少辛甘燥烈食品，以免伤阴，宜多甘酸清润之品，如绿豆、西瓜、乌梅等时蔬。夏季心旺肾衰，虽大热不宜过吃冷凉之食。秋天，气温凉爽、干燥，暑气消退，人们食欲渐增，大量瓜果上市，注意"秋瓜坏肚"，损伤脾胃阳气，因气候干燥，少食辣椒、生葱等辛燥的食品，宜食芝麻、糯米、粳米、蜂蜜、枇杷、甘蔗、菠萝、乳品等柔润的食物，早餐多喝点粥。冬季，气候寒冷，虽宜热食，但燥热之物不可过食，以免内伏阳气郁而化热。为防御风寒，调味上可以多用些辛辣食物，如辣椒、胡椒、葱、姜、蒜等，炖肉火锅亦可多食点，冬季是进补的好季节，切忌生冷黏硬食物，此类属阴，易伤脾胃之阳，尤其年老体虚人须注意。早些年便已走遍全国，走向世界的粤菜，它的时令性强，夏秋力求清淡，冬春偏重浓郁。味道浓郁瓦煲类菜式，如瓦煲葱油鸡、瓦煲大鳝（鳗鱼）、什锦煲、煲汤、煲饭系列。还有"杏元凤爪炖水鱼"之类的汤羹，以南杏、元肉为主，加上鸡脚、水鱼炖出来的汤汁，十分适合粤人崇尚冬春"滋补身体"的习俗。夏秋时节岭南酷暑炎热，时令的菜肴有"八宝鲜莲冬瓜盅""百花酿鲜笋""蚝油鲜菇""白灼鲜鱿""白灼海虾""油泡鲜虾仁""清蒸海鲜""白切鸡"等十分适口，体现了南国的风味特色及广东菜系注重底味、爽口清鲜的食性。

  人与自然是一个和谐统一的整体，若能根据四时变化、阴阳转换的规律来调整我们的饮食起居，科学合理地搭配我们的菜肴结构，适时进补，顺势而为，更有利于健康长寿。

——原载于 2019 年《中国餐饮年鉴》

回味篇

中国饮食文化中的"野味"界定和管控

2020年一开局,"野味"一词又站上了舆论的风口浪尖,全国各地的野生动物交易再一次成为众矢之的,政府各项应急管理政策也相继出台,并加大了对野生动物非法交易的打击力度。

作为餐饮业人士,此时此刻,积极响应打击野生动物非法交易的号召自不必说,各地行业协会、酒店和厨师也发出了"拒烹野味"的号召,但究竟什么是"野味"?哪些才算"野味"?怎样从法律法规和人们的行为入手,防止以后此类问题再度发生?这些还需要专业人士来探讨和研究,从而厘清脉络,以利于在此基础上制定切实可行的管控措施。

一、野味的内涵与外延

家养野鸡算野味吗?家猪野化算野味吗?江里的鱼、鳖、泥鳅算野味吗?还是说除了"三牲六畜"其他全是野味?

中国地域辽阔,山川地貌多样,具有生态多样性,拥有兽类、鸟类、爬行类、两栖类动物数千种,但在过去烹饪中公认的常用动物野味只有数十种,如熊、鹿、果子狸、鹌鹑、野鸡、野鸭、禾花雀、飞龙、雪鸡、竹鼠、龟、蛇、鳖、大鲵、石鸡、蛤士蟆等。此外,还有品种更多的野生的水产类、植物类、菌类原料,烹饪中常用的超过百种,但一般不作为野味看待。

鉴定一物是不是野味,从动物保护的角度来说,一般在野外生存的保护动物,如穿山甲、果子狸以及各种各样的蝙蝠等毫无疑问皆是野味,能被人工大量养殖的野生动物品种如小龙虾、牛蛙、法式蜗牛、鹿、鹌鹑、野鸡、鳖、大鲵等皆被纳入人类常规的食谱，应不算野味。

《辞海》对"野味"的解释是：动植物未经人工驯养或栽种，如野猪、野菜。《现代汉语词典》（第7版）对"野味"的解释则是：供做肉食的野生鸟兽，也指用野生鸟兽做的菜肴。这两个对野味的解释都非常简略，统一之处即所用动物都是未经人工驯养、猎取而来。而《辞海》将未经人工栽种的野生植物也被纳入了野味范畴。

在餐饮行业中，较权威的大型工具书《中国烹饪辞典》的野味条内容如下：烹饪原料，指经猎取获得的可供作烹饪原料的鸟兽，如野鸡、野鸭、野猪等，或指一切野生的可供做烹饪原料的动物；野生的可供做烹饪原料的"野味"只强调野生的鸟兽类动物，并没有过分强调水产类、植物类、菌类等野生品种。综上所述，笔者斗胆总结为：无论是野鸡、野兔等天上飞的、地上走的，还是水里游的、地里长的，只要是野外捕捉或野外地里采集、挖取的，只要是非人工饲养或种植，没有经过检验检疫的禽兽类、水产类、植物类、菌类等烹饪原料，都应该属于野味范畴。

对于餐饮企业、餐饮业从业者来说，你所采购的烹饪原料，无论是动物类，还是植物类，一定是要经过检验检疫的，可核查来源的无污染、无公害产品，这样才能有效防止"病从口入"。

二、野味在中国传统饮食文化中所占地位

中国也是食用野味见于文献最早的国家之一。《诗经》《楚辞》《礼记》等古籍中均有食用熊、獾、狼、狐、鹿、麋、野猪、狸、豹、雉等野生动物的记载，此后历代也有食用记述。传统上认为，某些野生动物性原料肌肉多、脂肪少，具有特殊的鲜香味，鲜美度胜于

家畜家禽，所以深受食客的喜爱。又加上中医所言的相应的养生保健作用，致使大家趋之若鹜。以前大多数城市都设有野味餐厅，即使发展到了近现代，餐厅中的野味仍然较为兴盛。笔者手头有一套1990年中国财政经济出版社出版的《中国名菜谱》，由湖北省饮食服务公司及湖北省烹饪协会编写的《中国名菜谱·湖北风味》的封面赫然就是一只硕大的红扒熊掌，书中所列236道各类菜肴中不乏各类野味菜肴，如山珍海味类中的神农熊掌、武当猴头（此中猴头为寄生在武当山林间栎树、柞树、胡桃树上的猴头菌）等；水产类中的龟鹤延年汤、红烧大鲵、清蒸石龙、五彩义河蚌等；肉菜类中的獐排、五味角麂等；禽蛋类中的油酥野鸡、爆野鸡丁、糖醋麦啄（麦啄，系野生禽类，骨架小巧，最大体重不超过200克）、元葱炒斑鸠、箭穿五禽等。粗算下来，野味类菜肴占了整个湖北名菜的15%以上。

在同一系列的《中国名菜谱·湖南风味》中，野味在湖南名菜中所占的比例更大，品种更为广泛。至于其他省份，限于篇幅，本文不再一一列举。

总而言之，野味这一类原料及菜肴家族在中国饮食文化中曾占有重要的地位。不过近年来，在全社会的共同倡导、呼吁下，某些野味已渐渐退出大多数餐厅的菜单。

三、目前国外某些国家对食用野味的法律规定

在世界上一些地广人稀的国家，由于野生动物繁多，只要公民拥有合法的持枪证、狩猎证，政府也允许百姓在特定的地域适当狩猎，但狩猎后成果的处理大有讲究。以加拿大为例：根据加拿大安大略省的《鱼类和野生动物保护法》(*Fish and Wildlife Conservation Act*)，出售野生（狩猎所获得的）野味是非法的，也许你会看到加拿大安大略省的有些餐厅菜单上会出现类似于野猪肉、鹿肉，乃至驯鹿肉、北美野牛肉等，但请记住一点，只要是在餐厅出售，就一定是被养殖的。因为，在安大略省野生动物保护法的约束下，猎人可以将打到的猎物提供给亲朋好友，甚至可以赠与他人，但禁止在任何情况下出售。

为何野外狩猎所获取的野生动物制品不能流入消费市场呢？这一切都与食品安全监管相关，在安大略省，所有消费市场中的肉制品要确保其可追溯性，而未经检查的狩猎中获取的野味肉可能含有寄生虫，病原体和其他污染物，可能导致不良健康后果，例如食源性疾病。所以在安省的食品场所法中明文规定安大略省的餐馆和屠夫只能出售从许可的肉类工厂获取的经检验的肉类。禁止处理、储存、销售和提供"未经检查"的肉类，包括狩猎的野味。

如果猎人们带着他们狩猎到的动物到政府特许加工厂进行加工后，是否能合法销售呢？加拿大食品检验局所给出的答复是否定的，联邦肉类检验规则限制了狩猎野味肉的商业销售，肉类必须来自被圈养的动物（例如圈养野牛和圈养麋鹿），并在联邦注册的场所屠宰。就驯鹿、麝牛等动物而言，肉类必须来自经过加拿大食品检验局（CFIA）特殊检验的北方收获季。虽然猎人们可以在联邦注册的屠宰场加工其猎取的野味肉，但最终必须归还给所有者/猎人以供自己食用，不能从事商业用途。而且，任何要出口到安大略省以外的肉都必须遵守联邦法规。

归根结底，加拿大安大略省严格规定的目的是双重的。（1）禁止在餐厅里经营的禁令是为了防止物种枯竭和动物资源的过度开发；（2）要防止健康隐患，例如肠道寄生虫，这些隐匿在未经检查的肉中。从野生动物自身的生存环境来看，它们本身就受到多种病原体的感染，其中包括结核病、贾第虫病、大肠杆菌和沙门氏菌等等。而许多病原体在表面检查中是无法检测到的，所以才需要更为严格的食品安全监管机制。由此可见，野生动物保护法与食品安全监管机制是相辅相成的存在，也是我们防御野生动物病原体传染人类的第一道防线。

当然，加拿大的食品监管机制和野生动物保护法并不是完美的，每个时代都会存在认知局限，每个人也都存在知识盲点。

四、我国食用野味都有哪些法律法规

《中华人民共和国野生动物保护法》1989年正式施行，明确禁止猎捕、杀害国家重点保护野生动物，禁止出售、购买、利用国家重点保护野生动物及其制品。保护法中列有国家一级保护陆生野生动物98种、国家二级保护陆生野生动物308种，还将具有重要生态、科学、社会价值的陆生野生动物1591种以及昆虫纲120属的所有种等都纳入保护范围。但是，包括蝙蝠、鼠类、鸦类等约1000种陆生脊椎野生动物未被列入野生动物保护管理范围，这让一些不法之徒钻了空子，致使一些餐馆酒楼野味不断。对于食用普通的野生动物，刑法、野生动物保护法等都缺乏规定，难以消除消费野生动物及其制品的现象。

《中华人民共和国食品安全法实施条例》（以下简称《条例》）经修订后也已正式公布，并于2019年12月1日起施行。《条例》共计十章86条，然而其中并没有一条是针对"野味"的，甚至全文都没提。2020年1月26日，国家市场监督管理总局、农业农村部、国家林业和草原局三部门联合公告，宣布自即日起，禁止野生动物交易活动；1月27日，最高人民检察院下发通知，要求监察机关积极开展源头防控，积极稳妥探索拓展野生动物保护领域的公益诉讼；2月3日，十部委（局）联合部署打击野生动物违规交易专项执法行动。

与此同时，社会各界关于全面禁食野生动物的呼声一浪高过一浪。在经历了这么多次公共食品安全危机之后，希望大家能真正地做到反思，从最关键的环节入手，规范食品安全检疫流程及野生动物相关法律的完善。北京大学保护生物学教授吕植认为，应从公共安全的角度规范所有野生动物利用，他表示："野生动物保护法应从理念上转变，建立白名单制。所有陆生脊椎野生动物都应纳入管理范围，不允许随便吃，可挑出一些可以吃的纳入白名单。与现行法律下只列出国家重点保护动物不让吃、其他大量动物都是让吃的正好相反。"

此前，中国野生动物保护协会在一项调查中发现，在全国21个大中城市中，50%以上的餐厅经营野生动物的菜肴，46.2%的城市居民吃过野生动物，2.7%的居民经常吃"野味"。无可否认，从某种程度上来说，吃野味是一种全民现象，人们存在崇尚"鲜""纯天然""就是要与众不同"的炫耀意识及猎奇心理，也缺乏敬畏意识，因此必须通过惩罚性制度建设带动影响这种饮食文化。

人们常说，中国饮食文化源远流长，博大精深，但其中嗜食野味的传统饮食文化如今已然成了糟粕。在古代生产力不发达、物质不丰富的时代，"野味"进入饮食文化成为食材是历史必然。目前，我国已进入新时代，物质生活已经极大改善，根本不再需要捕杀和食用野生动物，而信奉野生动物口味好和大补的观念也亟须改变。

——原载于2020年3月《中国烹饪》杂志

中国就餐形式演变与分餐制的强力推广

2020年以后,分餐制再度成为热词。

2020年3月16日,山东省市场监督管理局以地标的形式发布《餐饮业分餐制设计实施指南》,标准起草单位为山东舜和酒店集团、山东省精品旅游促进会等单位。为推动餐饮行业升级创新发展,引领大众餐饮习惯改变,不断增强消费信心,满足消费市场需求,山东带了一个好头。

多年来,中国烹饪协会和国内一些政府、协会等单位在分餐制问题上也一直在呼吁,要求改变合餐中的一些饮食习惯,但并未像山东方面这样精细、量化形成正式标准。该标准的制定实施,为广大餐饮企业推进分餐制提供了技术指南,为提振公众餐饮消费信心提供了技术支撑,为餐饮分餐制改革提供了标准引领,是一项非常时期的非常好的举措。

一、分餐制在中国的历史

其实,我国早在商周时期,就餐就是分餐的形式。夏商周三代,先民还保留着原始人的穴居遗风,把竹草编织的席子铺在地上供人就座,按照古时的习俗,堂上的座位以南为尊,室内的座位以东为上,古代的席,大的可坐2~3人,小的仅坐1人,故先民治宴,最早为一人一席,坐具除席之外,还有"筵",两者的区别是,筵大席小,筵长席短,筵粗席细,筵铺于地面,席铺于筵上,若是筵与席同设,一示富有,二示对客尊重。

其典章制度载于《周礼》,"设席之法,先设者皆言筵,后加者为席"，之后"案、俎、几"等贵族使用的小餐桌也开始置于筵席之上，时间久了，"筵席"二字便合成一个词语。这样的坐具既适应先秦时代较为低矮的建筑空间，更适合长袍广袖、以"绔"为下装的坐姿礼仪。所以今天人们提到"大摆筵席"，很容易想到围坐一桌、觥筹交错的热闹，但西周时铺筵设席的景象却是贵族们正襟危坐、分坐分食。"筵席"之上分坐分食，体现的是一种礼仪——"夫礼之初，始诸饮食"，坐在筵席上吃饭得有规矩。在西周燕飨国宾、册封、祭祀等重大场合，从入席退席的顺序、座次尊卑，到席间礼仪，处处都有严格的区分。如《礼记·礼器》里的"天子之席五重，诸侯之席三重，大夫再重。"又如《论语·乡党》里的"席不正，不坐。君赐食，必正席，先尝之。"《论语·乡党》属于平民化饮食的"乡饮酒礼"，说明中国早期的分餐制度从贵族的饮食礼仪出发，借助儒家道德教化的东风，自上而下传播成主流的饮食文化。

　　"筵席"只是西周以物器为礼仪教化的一个侧面，除了坐具，分餐的餐具和食物也是构成礼制和阶层隔离的组成部分。最典型的餐具莫过于鼎，这种由烹饪工具转变为专盛肉食的食具，因为"天子食九鼎，王食七鼎，诸侯食五鼎，大夫食三鼎。击钟列鼎而食者必属贵族"的等级分餐，顺势成为"钟鸣鼎食之家"的身份展现与"楚王问鼎"中的权力象征。举杯饮酒时，周礼也依身份对饮具有严格区分："宗庙之祭，贵者献以爵，贱者献以散，尊者举觯，卑者举角。"（《礼记·礼器》）至于食物，分餐制度更为身份区别提供了便利。西周时的酱料多由珍贵的鱼、肉制成，又被称为"醓醢"，可以说是舌尖上的奢侈品。秦代《传食律》里就曾规定官员、使者及卒人等各色人等依据身份能配给多少种酱——而周天子每次正餐都要遵循制度，摆满六十个"醢"的品种。

中国的分餐制是从什么时候起走向合餐的呢？史料与壁画留下了清晰生动的长卷，无论是《史记·项羽本纪》中鸿门宴的记录，还是东汉晚期壁画《宴饮观舞图》里一人一案、踞坐宴饮的描绘，都清晰可见分餐制在上层阶级饮食礼仪中的主流地位。

魏晋南北朝时，北方游牧民族带着高椅、胡床南下中原，带来他们双足垂放的坐姿，也带来他们围坐一炉进餐的饮食习惯。难以想象中原地区自殷商以来的礼制文化在当时受到了多大的冲击，但明显的改变随之体现于隋唐时期分餐与共食的并存局面，正如著名的《韩熙载夜宴图》中既有分餐，也有共食的座次安排。

二、中华人民共和国成立后分餐制的逐步推广

一提起分餐制，大家马上会想起2003年的"非典"，在疫情防控期间和疫情后，中国烹饪协会、全国各地媒体等部门纷纷呼吁餐饮企业及家庭实行分餐制，各地大小餐馆酒楼也都采用了菜肴各吃、公筷、自取等不同形式的分餐制。可以说这是相当多大众认可的最早实行分餐制的时刻。

其实不然。1949年，中华人民共和国成立后，随着各级党政军机构的建立，行政功能的不断完善，工业化的兴起，各地城市、集镇的兴旺发达，在单位吃食堂的人越来越多，大家凭粮票、钱买来饭菜票，饭口时各人持碗筷饭盒排队打饭菜（当然，也有自带饭菜上班的），饭后自己清洗餐具，这也可说是一种相当普及的分餐制。

当然，在20世纪，真正宴会时实行分餐制的餐饮单位不是很多，慢慢盛行是在20世纪80年代改革开放后。一些走在时代前列的部门，例如位于北京的人民大会堂，率先在高档宴会上推行分餐制，据人民大会堂某总厨介绍，大会堂早在20世纪80年代初，随着中国

的改革开放，不仅国家层面，各部委办、各大型企业也是外事活动频繁不断，为了适应时代要求，大会堂各级领导和厨师、服务员一起，从宴席菜单、菜肴设计、分餐服务规范等各方面全面革新。在宴席菜单上，一改过去中国各地常见的六冷盘、四热炒、八大菜、二点心、二甜菜、一水果或更丰盛更夸张的模式，大力减少宴席菜肴数量，整场宴席有的可能只有四五道菜肴；在菜品设计上，增加西菜中做、方便各吃、盘饰美观的品种，如各色牛扒、香煎鳕鱼、各色例汤等，对西芹百合、宫保虾球等不方便装饰的菜肴，他们或以蔬为托，或用米、面粉制作一鸟巢盛之……在上菜服务程序上，讲究韵律美、节奏美，随着每道菜肴的上桌，随着音乐的节奏，身着民族特色服装的男女服务员排着整齐的步伐款款入场，从主宾开始，一一依次上菜撤盘，统一上场，统一退场，犹如舞蹈天鹅湖中的众仙女和小王子。当然，大会堂不是所有的宴席都是各吃分餐，一些数百人或上千人的宴会，还是会举行合餐。一些小型宴会，如果客人要求，也会采取合餐制，但公筷、公勺是一定要摆放的。

长期提供分餐服务的，不光只有人民大会堂这样的单位，例如江苏南京金陵饭店，据金陵饭店管理部门介绍，"金陵饭店早在20世纪90年代开始，就已经全面实行分餐制，早些年国内消费者还不习惯，如今宴会领域客人几乎全部要求分餐，零点餐厅要求分餐的客人比例也有50%。"

在高端餐饮领域，分餐制和公筷、公勺一直较为普及，服务费包含在套餐费用中。据北京凯瑞御仙都餐饮集团介绍，集团自2000年成立以来，一直推行分餐制和双筷制，收取一定服务费被验证具有可行性，集团推出价位不等、以人为收费单位的套餐，从菜品设计上实现了分餐。

近年来，随着国内餐饮业的蓬勃发展，分餐概念也得到了进一步的普及，在菜品制作、装盘理念、种类形式上都已经有所创新，这其中较为著名的是大董烤鸭店，他们菜单上全部菜品基本上都是可以每客每份的。目前，国内不少餐饮从业者开始"出海"，其中要解决的第一步就是"分餐"，随着中餐的国际化，分餐制会越来越深入人心。

三、分餐制比合餐制更文明、更适合现代社会

全球化时代，人才流动让全世界成为一个大家庭，现代家庭的组成也变得更加复杂，一个家庭好几个国籍的不多，但一个家庭来自好几个地区、喜好好几种口味的却是纷繁众多。他们大多得经历一个互相说服、又互相迁就的痛苦过程，最后才能找到一个较为统一的口味。如果想跃过这个痛苦过程，直接到达和谐，分餐制是一个好的选择。

卫生是社会文明发展的必然要求，在某方面甚至被视为文明发展程度的标准。而现代人对卫生，对自己及家人的健康也是越来越看重。分餐制与合餐制相比，好处主要体现在以下几个方面。

（1）家庭和公共场所实现分餐制，有利于控制个人的饮食量，减少食物浪费；

（2）分餐制能慢慢改变国人大吃大喝的坏习惯，养成注重营养卫生的好习惯；

（3）实行分餐制，可以预防各种疾病并减少交叉感染的机会，能使疾病的感染率大幅度降低，如减少肝炎、流感、幽门螺杆菌等病毒、细菌的传播途径，防止疾病的发生；

（4）有利于均衡营养，防止偏食；

（5）分餐制的实行，有可能为生产瓷器餐具的厂家带来巨大的商机。

四、目前在全国推广分餐制的难点

大家目前都知道分餐制的诸多好处，但为何在众多中国家庭和餐饮企业没有得到很好的推广呢？分餐制推广的难点概括起来，有以下几个方面。

在餐饮企业层面：

（1）分餐制会提升餐厅成本，一些特色菜品不宜分装；

（2）厨师或服务员分餐的方式，势必会增加人力、物力成本，且一些需要雕花、摆盘等特殊技艺的菜品需确保上菜时的完整性；

（3）造成洗涤用品、水资源的浪费；

（4）某些中餐菜品难以推行标准化制作。

在家庭聚餐层面：

（1）国人吃饭喜欢热闹，如果吃饭没有声音了会很尴尬，那主人就要客气地夹个菜并且说"来吃吃吃"，分餐制有人会觉得气氛有点死气沉沉，不利于体现中国文化讲究亲情；

（2）就餐时习惯很难换过来，容易忘取公筷拱；

（3）有些人还信奉"不干不净，吃了没病"，他们认为分餐制并不是阻止"病从口入"的唯一措施；

（4）我国还有一部分地区和人口刚刚脱离贫困水平，有人觉得分餐制对他们来说有点不合时宜。

五、分餐制的推广可遵循先易后难的方式进行

目前，要在中国普及推广分餐制，还是要遵循先易后难、逐步推进的方式进行。

在一些厨师少、服务员数量不足的中小餐厅，一律推行菜肴各吃是有困难的，不妨从公筷、公勺做起。

对于一些中高档餐厅来说，厨师要多研发一些方便各吃和便于分食的品种，在大型餐饮活动中，对于比较讲究外形的菜肴可以通过类似西餐加盖示菜的方式，先展示，后分菜；一般性的菜肴可以通过小盘子、小分量的盛装直接提供给客人，在卫生的前提下，一是方便饮食；二是可增加顾客品尝菜肴种类，突出美食效果；三是相对降低了每份菜肴的售价，可增加多品种的总量销售，有利于餐厅利润的增加。

对于汤类食品，可以通过紫砂或瓷器汤盅一类的容器分别盛装。在卫生的前提下，不仅增加了保温的实用性，同时又通过容器的变化，增强了对餐品观赏的艺术效果。

对火锅类餐品，也可以实行分餐制，大火锅也可以公勺、公筷+小笊篱，或者公筷取火锅内食物。这样也不失热烈氛围，当然，每位客人一个小火锅，自涮自食，既卫生又方便，也很好。

此外，合理吸收西方的一些就餐形式，如自助餐、冷餐会、鸡尾酒会等形式，这些形式既体现了交流的目的，又采用了分餐的就餐方式，是酒店用餐、会议用餐和一些主题餐馆的理想形式。

目前，一些地方对公筷的尺寸、式样、摆放方法甚至筷子上要注明"公筷"等要求，这些意见可以慢慢来，不要成为新的"形式主义"，不要当成监管和考量内容。

——原载于 2020 年《中国餐饮》杂志

中国烹饪技艺 30 年的传承与发展

中国是世界公认的烹饪王国。烹饪王国的主角,毫无疑问是厨师,厨师对个人烹饪技能的要求极高,古人惊叹烹饪大师厨艺之精妙,发出了"治大国若烹小鲜"的议论,将纷繁复杂的治国大政与厨房烹饪相提并论,足见厨艺一事之高深莫测。

悠悠岁月里,勤劳勇敢的中国人创造了精湛的烹饪技艺,其中更以各地酒楼饭店厨师及宫廷、官府家厨为代表。中国幅员辽阔,各地的烹饪大师,不仅技术精湛,而且非常讲究菜肴的美感,注意食物色香味形的协调一致,中国烹饪艺术在长期的发展过程中,也逐步形成了各种不同的风格和流派。这些不同的风格和流派,成为一个地区民俗、地域文化的重要组成部分。

由于中国东西南北烹饪原料出产的不同,使各地菜肴的重心有别。在主食上,我国一向以"南米北面"著称;菜肴上,中国北方多牛羊,常以牛羊肉做菜;南方多水产、家禽,人们喜食鱼、肉;沿海多海鲜,则长于用海产品做菜。鲁、川、淮扬、粤四大菜系形成历史较早,后来,浙、闽、湘、徽等地方菜也逐渐出名,于是形成了我国的"八大菜系"。八大菜系中,烹饪加工与调味技艺各不相同,各有特色。形成了一整套系统的中国烹饪工艺学科。

中国的烹饪工艺学是集深层次、多角度、高品位的手工文化;是中国各民族人民在漫长的生产和生活实践中,在菜点开发、食具研制、烹饪调理、营养保健和饮食审美等方面创造、积累并影响周边国家和世界的重要物质财富及精神财富。

中国的烹饪工艺在历史长河的不断发展中,已经发展到了一个非常成熟的高度，它不仅体现在菜肴本身，还涉及营养学、卫生学、生理学、民俗学、美学、化学、园林等诸多学科领域。

中国烹饪技艺主要体现在以下几个方面。

（1）烹饪技术　以油为载体的烹调技术：如炸、熘、爆、炒、煎、烹、挂霜与拔丝等；以水为载体的烹饪技术：如炖、焖、煨、焐、焯水、煮、氽、汤爆、涮、烧、扒、烩等；以水蒸气为载体的烹饪技术：如清蒸、气锅等。此外，还有以固态介质导热制熟的方法，如盐焗、泥烤、锅烤、焖炉烤等各种制法。

（2）调味技术　除了酸甜苦辣咸等的基本味型，各种复合味型也层出不穷，不胜枚举。又由于中国幅员辽阔，气候不一，各地因气候差异形成了不同口味，在口味上有"南甜北咸西辣东酸"之别。一般来说，中国北方气候寒冷，菜肴以浓厚、咸味为主；中国华东地区气候温和，菜肴则以甜味和咸鲜味为主，西南地区多雨潮湿，菜肴多用麻辣浓味。

（3）刀工技术　西方人吃饭用刀叉，自从中国人发明了筷子，吃饭的餐具便离不开筷子，这就要求菜肴以能方便就餐为宜，切配工作必须由厨师在厨房内完成。中国烹饪的刀工工艺主要以手工工艺为主，是一项特别复杂丰富的技艺系统。不同于西方的尖刀，中国厨师以粗重的方形刀为主，用切、片、斩、削、剔、刮、拍、铲及各种花式剞刀，将不同形状、软硬不同材质的肉类及蔬菜瓜果原料切成条丁丝块，以便于烹饪及食用。

此外，还有烹饪原材料的初步加工工艺、热菜及凉菜拼摆技术、面点制作工艺等。

人们常说，十年树木，百年树人。一个烹饪工艺精湛，能够在红案、白案、红锅中独当一面的中国厨师的培养，除了个人努力，还需要有合格的师资与环境,至少需要十年左右时间的培养,这也从一个侧面反映了烹饪工艺传承的艰难。

一、1987—1996年,百废待兴、初步缓解阶段

中国从20世纪40年代末到20世纪70年代末,由于不注重经济建设,加上连续不断的政治运动,国民经济到了崩溃的边缘,全国各地城乡主副食品及大部分工业品都是凭票供应,人民生活苦不堪言。各地酒楼饭店、单位食堂建设也是日趋凋零,厨师人才的培养出现断层,厨师烹饪工艺的提升更是无从谈起。

当时的酒楼饭店大都归属于商业局下属的饮服公司,且大都为国营单位,饭店名称,不是"东方红"就是"大众""为民""东风"等,工作人员享受国家工作人员身份,对烹饪技艺的提高也没有要求。酒楼饭店别说燕翅鲍、生猛海鲜,就是普通的鸡鱼肉蛋都不能满足供应。饭店能供应的菜肴品种极少,也就是炒肉丝、红烧肉、红烧鱼、炒肝尖、熘肥肠、炒鸡蛋等十多个品种,而且过时不候。城市存在普遍的"吃饭难"现象,一餐难求,难在饭店少,难在菜肴质量差,难在服务态度差,难在厨师的技艺不过关,难在厨师人才严重短缺。

20世纪80年代初改革开放的春风吹向了餐饮业,中国烹饪工艺的传承从劫难的阴影中蹒跚起步,面对市场极其广大,人才极其急迫的环境,当时的中国政府、各地教育机构、出版行业、烹饪协会纷纷伸出援手,采取各种措施,对厨师人才队伍的培养、对中国烹饪技艺的传承与发展,均起到了非常关键的作用。

(一)各类中高级烹饪工艺类学校纷纷创立

1980年以前,中国烹饪工艺技术的教育形式主要是依靠酒楼饭店厨师和家庭主妇的言传身教或以师带徒,极少学校教育。邓小平同

志提出让一部分人先富起来的号召，各地放开兴办酒店饭店的限制，各行各业、民营资本的进入，使吃饭难的问题得到了初步解决，但厨师人才奇缺，厨师队伍的培养也是刻不容缓。从1977年全国恢复高考以后，各省市地区也积极创造条件，恢复各类商业烹饪类中专、技工学校的招生，走出了中国烹饪传承传统的以师带徒模式。1983年江苏商业专科学校（现扬州大学旅游烹饪学院）中国烹饪系的开办，让烹饪人才的培养，达到了一个更高的层次。这是中华人民共和国成立以来首次开办的以培养中国烹饪工艺大学生为目标的高校，从此，中国餐饮行业有了高等学历的从业者。往日里，被人称作"勤行厨子"的厨师，也能上大学，也能拥有大学文凭了！这件事，不仅让社会各界从此对厨师这一职业刮目相看，也标志着中国厨师队伍告别了白丁时代，整个行业的文化层次开始提升。这让薪水不高、社会地位低下、整天在烟雾弥漫的厨房中埋头苦干的厨师们看到了希望。后来，四川烹饪专科学校、武汉商业服务学院、黑龙江商学院等高校也陆续开始了中国烹饪专业的招生，对中国烹饪工艺学的传承与研究，起到了极大的推动作用。

（二）举办全国烹饪大赛，激发厨师学艺热情

另一件对烹饪技艺传承具有更大促进力的大事是，1983年11月7日，中华人民共和国商业部在宏伟的人民大会堂，举行了"全国烹饪名厨技术表演鉴定会"。

当时，全国28个省、自治区、直辖市的行政机关，在得到要参加全国烹饪比赛的通知后，立即行动，先在各自管辖范围内，经过县、市、省级的大比武，层层选拔，优中选优，最后在全国范围内，组织了30个代表队共83位名厨，其中红案69位，点心师14位，在大会上表演了384个菜点。这些厨师中间，有身怀绝技年高六七十岁

的老厨师，也有初露锋芒年仅20余岁的青年厨师。他们在大会堂同台操刀，各擅胜场。这样大规模、高水平的烹饪比赛，是中华人民共和国成立以来的第一次举办。

此赛一开，轰动全国。

五年后的1988年5月9日至18日，在北京举办了第二届全国烹饪技术比赛。这次参赛厨师共200名，表演菜点1320个，满族、蒙古族、回族、藏族、维吾尔族等少数民族都有厨师参加，从地区看，西藏自治区首次选拔代表队参加，刚成立的海南省也派来了代表，这样，全国除台湾省以外的所有省、自治区、直辖市都参加了大赛，从部门看，有商业、旅游、铁道、军队、中直机关、国家机关的代表参赛。

比赛规模大，范围广，中青年选手比重大。参加这次大赛的中青年厨师占95.50%，平均年龄为38.31岁，比上届年轻了10岁，其中年龄最小的21岁，这表明我国烹饪技艺经过十年的发展，年轻一代厨师正在健康成长，令人欣慰。

1993年10至11月，在西安、石家庄、武汉、苏州四地举行第三届全国烹饪技术比赛个人单项赛，这是一次中国烹饪界的全运会，是对餐饮业最新成就的大检阅，也是中国烹饪技术与人才的大展示。本届比赛由国内贸易部、国家旅游局、铁道部、全国总工会、中直机关事务管理局、国务院机关事务管理局、武警后勤部、个体劳动者协会、中国烹饪协会联合主办，具体组织由中国烹饪协会承办。本届参加比赛的人数远远超过往届，达1800余人，分团体赛和个人单项赛两种。本届个人单项赛共产生金牌574枚，北京、天津、湖北、上海、辽宁、铁路系统为获奖较多的省市及系统。涌现出一大批技艺高超的年青厨师，年龄多在30岁左右，表明中国烹饪事业后继有人。此次比赛产生了不少立意新颖、色彩美观、味质俱佳的菜点。全国烹饪大赛的举办，通过实时的电视、网络、报刊等媒体，让全国乃至全球的中餐厨师，看到了当代最高、最新水平的中国佳肴，使中西餐厨师学中餐的热情越来越高，烹饪技艺也越来越向大众化、健康化方向发展。

最早的几届参赛获奖者，今天，大都成了各省餐饮界技艺高超、德高望重的泰斗级人物。从此，餐饮人文可上大学，学文化；武可上赛场，战擂台，许多厨师更是成了文武双全，在企业勇挑重担的帅才。

（三）创办烹饪类杂志，不断充实厨师的精神食粮

1980年，以当时国家商业部商业经济研究所创办《中国烹饪》杂志为标志，开创了中国烹饪工艺理论研究的先河，从开始几年内的季刊、双月刊过渡到月刊，此后，《中国食品》《烹调知识》《美食》《餐饮世界》等一批烹饪、食品类杂志相继创办，使中国烹饪理论研究者、厨师、美食家有了施展才华之地，让处于"深闺"中的中国烹饪工艺走向了千家万户，揭开了她神秘的面纱，也使得中国烹饪技艺的研究更加深入，促进了中国烹饪工艺在国内外厨师间的交流。

此外，当时的一些国家级出版社如中国商业出版社、中国轻工业出版社、中国财政经济出版社也开始纷纷出版烹饪理论、烹饪工艺研究、各类菜谱，其中，中国商业出版社的中国烹饪古籍丛书与中国财政经济出版社《中国名菜谱》的出版，对中国烹饪工艺的传承与发展起到了巨大的推动作用。

20世纪80年代末，由于政策上的解禁，大批知青返城，大批农民工进城，他们成了中国厨师队伍的生力军，但由于他们文化层次低，大都没有机会通过以师带徒或烹饪院校正规培养，烹饪类杂志及各类烹饪书籍的出版，对他们来说，如雪中送炭，如久旱逢甘霖，为他们打开了烹饪技艺的一扇扇大门，开阔了视野，提高了技艺。

二、1994—2007年，传承有序、快速发展阶段

（一）厨房设备不断改善，厨艺遇到新的挑战

20世纪六七十年代出生的人，大都还记得改革开放之初的中国饭店厨房。那时的厨房内，切配活儿都是手工操作，除了有台常闹罢工的冰柜和爱绞人手指的绞肉机，看不到什么厨房机械，厨师每天的劳动时间长，强度高。煤气、天然气只有少数几个大城市才有，烹饪主要还是用煤，灶上的师傅除了会炒菜，和煤加炭也是绝活之一。

由于改革开放后中国经济的发展，国民收入的大幅度提高，也由于餐饮业的低门槛，这个时期社会各种资本不断进入，中国各地的餐馆酒楼不仅餐厅装修越来越豪华，厨房设备也越来越讲究。厨房中取消了水泥瓷砖贴面的炮台灶，大量引进港式、台式的新型不锈钢炉灶，各式电磁炉、微波炉、光波炉、各式烤箱、蒸箱、各式冰柜、冷风机、搅拌机、和面机、醒发箱、电饼铛等等五花八门餐厨具的革新引进，极大地减轻了厨师的体力消耗，提高了企业的经济效益。但新设备的引进使用，却由于中国厨师普遍文化知识水平较低，使用过程中问题频出，使新设备的实际能效大打折扣，各企业只能通过短期培训，让厨师们快速掌握新技能，提高进一步学习新知识、新技术的内在动力。

（二）对内、对外厨艺交流日趋活跃

随着国内旅游业的蓬勃兴起，各地人口频繁流动，人们的日常生活节奏加快，饮食风味要求也是日新月异。作为一名中餐厨师，已不能满足于仅仅会自己本地的那几道传统菜了。中国的烹饪工艺也面临了一个如何继承传统和发扬光大的问题。这个时期，肯德基、麦当劳、必胜客、星巴克、吉野家、德克士等品牌陆续进入中国；全聚

德、重庆秦妈、陶然居、呷哺呷哺、湘鄂情、真功夫、顺峰餐饮等中餐品牌也越做越强,不仅仅在各地攻城略地开分店,而且年营业额也已经到了亿元以上。他们所代表的本地风味,也得到了越来越多外地客的认可。各地厨师随着不同菜系及风味菜馆的南征北伐,也将各自的厨艺带到了四面八方。

伴随着中国餐饮界厨师们水平的不断提高,这个时期,中国烹饪协会名厨专业委员会也正式成立,中国烹饪协会名厨专业委由长期从事烹饪工作并卓有成就的中国著名厨师和烹饪专家组成,自名厨委成立以来,他们积极行动,在组织全国性烹饪(食品)技艺交流活动;总结、宣传和交流本会成员独特精湛的烹饪技艺,编写和播映名厨传记和名厨美食影视资料;组织和帮助委员在国内外举行烹饪文化理论研究和技艺展示活动;发挥委员专业特长,开办咨询和培训活动;协助海内外烹饪界举办专业技术竞赛、考核活动;推动海内外华人名厨与各国名厨的合作与交流;与餐饮企业联手开展关联产业、产品的研发、推介活动;发现和培养中青年优秀厨师,领导和带动新星俱乐部的健康发展等方面做了大量的工作。

(三)"走出去,请进来",中国厨师纷纷组团出国表演技艺

在人们生活中,厨艺不仅体现在民间的宾馆酒店商务宴请、婚丧嫁娶上,更体现在国家的神圣殿堂之上,厨艺可说是国家之间外交的延伸。在盛大庄严的国宴上,始终活跃着厨师们的身影,更是展示国家形象和文化的重要场所,精美的菜点、周到的服务能起到为国家形象加分的作用。厨师可以说是半个外交家。这个时期,北京的人民大会堂不仅接待了各国总统、总理、大使等政治人物,还在20世纪90年代末,接待了世界名厨协会的代表。世界名厨协会的100多个国家的总统、国王的厨师来到北京,与中国厨师面对面地进行了交

流。与此同时，中国各地名厨也积极组织起来，参加各项世界烹饪大赛，参与国外各类美食节的烹饪表演，进一步促进了国内外厨艺的交流，提高了厨师整体的烹饪技艺。

三、2011年至今，各类烹饪人才充沛、烹饪技艺稳步提高阶段

（一）多层次烹饪人才的培养

这个时期的中国烹饪技艺的传承，已经由千百年来以师带徒模式，彻底转变为以学校职业教育为主的模式，以扬州旅游烹饪学院为代表的一批高等院校，开始有了研究生学历的烹饪专业人才培养。另外，各省市一大批以大专起点为主的高等职业类烹饪院校，除了烹饪理论，更加注重烹饪专业的实际操作经验的培养，各学院的实习餐厅也越办越好，而且，在课程的设计上，也开始将食品安全、营养卫生、顾客心理、经营管理学等烹饪理论知识纳入课程。以中国烹饪协会培训中心、新东方职业技术学校、山东蓝翔技师学院、北京屈浩烹饪学校为代表的一批社会力量培训机构，也为中国烹饪技艺的传承，为有志于在餐饮业发展的新人提供了学习厨艺的舞台。

（二）厨艺由厨房向中央厨房及食品企业延伸

2013年，中国餐饮收入已经达到了惊人的25392亿元。随着中国餐饮业的成长，也越来越面临人工工资、原材料成本、房屋租金的上涨等诸多问题。餐饮业的工业化解决方案——建设中央厨房的时机已经水到渠成。其中，以眉州东坡、嘉和一品等一批率先采用中央厨房的餐饮企业为代表。

所谓中央厨房，是将菜品用冷藏车配送，全部直营店实行统一采购和配送。中央厨房采用巨大的操作间，采购、选菜、切菜、调料等各个环节均有专人负责，半成品和调好的调料一起，用统一的运输

方式,赶在指定时间内运到分店。中央厨房的设置,使经营点缩小后厨面积或取消了自有厨房,有效节约了人力资源的成本。但与此同时,也对厨师的就业模式提出了挑战,许多厨师来到中央厨房担任技艺指导或技工,就业岗位由原来的后厨操作,变成了工厂管理者或一线产业工人,在中央厨房内,分工越来越细,流水线作业,对厨艺的要求也已经截然不同。这里的厨师,既要懂得厨艺,又要了解市场,还要熟悉工厂化的大机器生产,要参与工厂管理,设计新菜,编写出精确的菜单。这对许多厨师既是考验,又带来了无穷的机遇。

相较于中央厨房的多品种生产,目前的中央厨房,有品种越来越少,甚至单品化生产的趋势,例如北京的索哥食品,这家以生产凉皮为单一品种的工厂,位于北京附近的廊坊工业开发区,占地面积3500平方米,目前产量50吨凉皮/每天,按每人一次食用250克计,每天的生产量可供20万人就餐。目前年产18000多吨凉皮,销售客户主要为餐饮连锁企业及供应链公司、商超、便利店、旅游景点、交通等场所,产品为密封包装凉皮(5千克大包装,200克小包装)、凉皮调料包、盒装即食方便凉皮。这家工厂从管理层到技师,只有不到10名员工。大量菜品、小吃的工业化生产,既丰富了各风味餐厅的供应品种,也减轻了厨师在后厨的繁重劳动,烹饪技艺的传承也有了先进生产力的保证,使出品定性、定量、标准化生产有了可能。但不可否认的是,工厂化生产在餐饮业的大量引进,也减少了厨师的工作岗位,使这一职业的竞争变得激烈。

(三)以分子美食等技艺引进为代表的厨艺创新

人类社会的发展,是一个不断变化发展的过程,变是绝对的,不变是相对的,中国烹饪技艺的发展除了传承,更多的是变化和发展,才能适应时代的变迁。随着国内国际旅游业的发展,商务宴请的增多，对菜肴出品、对餐厅环境提出了越来越高的要求。这个时期的菜品，除了色、香、味要一如既往的好，许多餐厅为了适应分餐制的要求，纷纷推出了个吃菜品，在菜肴装饰上一改传统的摆盘方式，向西餐、日料学习。同时，以大董烤鸭店为代表的中高档餐厅，还引进了国外流行的分子美食新厨艺。

所谓分子美食，是指把葡萄糖，维生素C、柠檬酸钠、麦芽糖醇等可以食用的化学物质进行组合，改变食材的分子结构，重新组合，创造出与众不同的可以食用的食物，比如，把固体的食材变成液体甚至气体食用，抑或使一种食材的味道和外表酷似另一种食材。从分子的角度制造出无限多的食物，不再受地理、气候、产量等因素的局限。如泡沫状的马铃薯，用蔬菜制作的鱼子酱等，用液氮把固态新鲜水果制作成微小冰晶颗粒的分子冰激凌。这一全新的烹饪技术一经引进，立刻风靡南北，为众多厨师的菜肴创新打开了思路。

过去，"厨师"一行在五行八作中，被称为勤行，厨师一职被人称作"厨子""伙夫"等，遭人轻视。中华人民共和国成立，特别是改革开放40年来，厨师成了企业的主人，社会地位迅速提高，不再被看成是普通劳动力，而是有一技之长的烹饪艺术家，厨师收入在不同行业间也是排名靠前。厨师队伍中，不仅产生了一大批企业家、管理者、餐饮类上市公司总裁，还参与管理国家事务，涌现了一批市县及全国人大代表、政协委员。斗转星移，"烹小鲜者"真的开始治理国家了。

星移斗转，今天的厨师，终于开始挺直了腰杆。今天的中国烹饪技艺，也已经得到全面继承，并且在全世界开花、结果。

——原载于2017年3月《中国餐饮》杂志

群策群力，让盐城湿地美食走向世界

2019年国庆是中华人民共和国成立70周年的大喜日子，又恰逢盐城黄海湿地申遗成功。在这个举国同庆的日子里，盐城城投集团、盐城大洋湾生态旅游景区有限公司、八大碗餐饮管理有限公司等单位在盐城大洋湾生态旅游景区唐渎里美食街举办2019中国·盐城大洋湾湿地美食文化博览会，可谓是恰逢其时。我作为中国餐饮行业的一名老兵，能受大会邀请前来赴会，感到不胜荣幸。在这里我不揣浅陋，谈谈如何让具有悠久历史，深受人们喜爱的盐城湿地美食走向世界。

一、盐城湿地饮食文化是全人类的共同财富

湿地，被称为"地球之肾"，是地球上具有多种独特功能的生态系统，它不仅为人类提供大量食物、原料和水资源，而且在维持生态平衡、保持生物多样性和珍稀物种资源以及涵养水源、蓄洪防旱、降解污染、调节气候、补充地下水、控制土壤侵蚀等方面均起到重要作用。

盐城拥有江苏省最长的海岸线、最大的沿海滩涂、最广的海域面积，同时也是丹顶鹤的家园、麋鹿的故乡。盐城地处里下河水网地区，市区河流纵横交错，蜿蜒曲折，水乡特色显著，盐城大洋湾湿地是市区最著名的湿地。

作为盐城大丰人，我从小就是吃着盐城湿地美食长大的，印象里，每逢过年或邻里红白喜事，一般首先登场的是6~8道荤素搭配的冷碟，除了常见的油汆花生、香肠、风鸡、姜米皮蛋、烫青蒜外，少不了还有泥螺、葱油海蜇等湿地美食制成的凉菜。

盐城过去的宴席不重炒菜,要有也就是药芹炒肉丝、慈姑腰片、开洋茼蒿、韭菜炒蚬子之类,有荤有素,清而不腻。慈菇、开洋、蚬子等物均湿地所产,价极低廉。

时光荏苒,离开家乡一晃30多年过去了,盐城的面貌已经发生了翻天覆地的变化,但家乡的传统风味一刻也不曾忘却,盐城湿地饮食文化,应不仅仅是盐城人民的宝贵财富,还应走出中国,走向世界,成为世界人民的共同财富,造福人类。

二、国外湿地饮食文化考察回忆

在离开故乡盐城的30多年里,我也曾东奔西走,多次出访过日本、欧洲、美国、加拿大等国。国外各种餐饮业态,给我留下了深刻的印象。

在全世界,究竟有多少家中餐馆?大概多得难以数清。有人说,凡是有中国人的地方,就会有中餐馆。飞越千山万水来到欧美旅游的中国游客,在看够了教堂、神庙,吃够了面包、奶酪、烤牛排之后,来到那雕梁画栋、宫灯高挂的中餐馆,一杯清茶,一碟榨菜,一碗小米粥,几盆飘洒着浓浓锅镬气的风味小炒,立刻使你神清气爽,找到家的感觉。

前些年,我曾随中国烹饪协会代表团,出访美国佛罗里达州,考察了位于佛罗里达州南部的大沼泽地。

大沼泽地位于美国南部的佛罗里达州,其面积达1.1万平方千米,被称为"美国最神秘的地方"。沼泽地向东延伸到包括迈阿密都会区在内的狭窄沙洲附近,向西与大赛普里斯沼泽汇流。大沼泽地的英文名"Everglades"(埃弗格雷斯),是佛罗里达州独有的名称。

大沼泽面积巨大,供游人参观的只有少数景点。景点处除了餐饮、游戏,最吸引游客的,就是乘坐一种能在很浅的水中航行的游艇,那种艇尾有一大轮盘,行走如飞,发出巨大的响声,在好莱坞的很多大片中曾有出镜。大沼泽地有多种自然环境,包括被莎草覆盖的沼泽地、被河水淹没的森林及海边的红树林等。大沼泽地拥有北美洲最丰富的动植物资源,仅仅是鸟类就超过350种,著名的大型动物有美洲豹、短吻鳄、白尾鹿、海牛等。

大沼泽地附近的景色确实美不胜收,但提供游客的餐馆却很一般,无非肯德基、麦当劳、汉堡王之类。在这些地方,尽管也有中餐,相对而言,想吃到有特色的中餐,还是纽约、洛杉矶、旧金山等城市相对集中一些。

在纽约,我参加了规模大小不一的几次宴会。印象最深的,还是在纽约处在16街和第九大道之间的一家叫Buddakan(看佛)餐厅。这是一家颠覆中餐概念的中餐馆。

这家店于2005年开业,曾在热门美剧《欲望都市》(Sex and the City)和《绯闻女孩》(Gossip Girl)中抢镜亮相,算是让这家中餐厅好好地火了一把。餐厅的主厨是赛门斯玛(L. Symensma),他是一位道地的美国人,曾到中国香港和马来西亚高级酒店学习中国菜。他的得力助手是来自中国台山的黄师傅,其余大都是当地中国城和法拉盛的中国菜师傅,菜肴出品当然很有特色。

这家中餐馆做的是中餐正餐,总结起来,它的特点体现在方方面面,例如:

(1)从外表上看,饭店内不设雅座包间,体现了在佛祖面前众生平等,又由于不同于一般中餐馆的灯火通明,不仅顾客的私密性得到了很好的保护,也照顾了西方人的审美情调。

（2）跑堂的几乎都是当地的白人女子、小伙，他们语言上有优势，也易于和当地人沟通，这一点同中国内地的麦当劳、肯德基主要使用中国员工是一个道理。

（3）从它供应的品种来看，它像是现代的中式快餐店；从它制作的精美和价位看，它又绝对是一高档次餐厅，而高档餐厅只供应这么几个品种，在国内还不多见。

（4）它所有供应的菜肴，没有一个大件整只的，都是一个个小件的组合，这样既可单食，又宜于情侣间、朋友们分食，口味也是亦中亦西，中外皆宜。

不知在座的是否有去过这家餐厅，若去过，相信能够比我总结得更多更好。

看佛餐厅以餐饮为媒、以烹饪为载体，在美国公众面前展示了中华餐饮文化的魅力，很值得有志于将湿地美食打向欧美的盐城同行学习。他山之石，可以攻玉。从看佛的成功，我们也可管中窥豹，开出比他更多更好的餐厅。

三、盐城湿地饮食文化走向海外的成功关键

自2013年国家提出"一带一路"倡议以来，中国各行各业都陆续开展了向"一带一路"共建国家的投资建设，有许多项目已经初见成效，其中自然不能少了中国餐饮业。

共建"一带一路"的目标主要是致力于亚欧非大陆及附近海洋的互联互通，建立和加强沿线各国互联互通伙伴关系。作为餐饮业同仁，除了要为"一带一路"建设添砖加瓦，也要重点考虑自身投资的安全，能够持久赢利才是根本之道。俗话说"兵马未动，粮草先行。"所以，犹如下围棋一样，餐饮同仁在落子之前，一定要先做足功课。

如果你想投资一国，首选国家必须是政局稳定，在可预见的未来不会有大的动乱或战争；其次是有公正完善的法律体系，这样有事发生的时候，能有地方讲理，不会一味地偏袒本地人；最关键的，要有完善的金融体系，汇率稳定，所用货币能全球不受限制地自由流通。满足了这三条，你再谈其他。

此外，你还要尽快了解当地的民族构成，中产阶级所占人口的比例，餐饮消费习惯；对餐饮业的消防、卫生、投资、各项税率要求，房租、水电、天然气等的价格高低，还有当地的通胀情况，当地主要盛产的烹饪原料的种类，当地海关允许进口的烹饪原料的种类，等等。

注意了以上这些，才能谈到你所要开设的餐馆的经营规模、风味特色、经理员工构成等方面。

中国烹饪协会作为中国国家级最大的餐饮行业协会，推动中餐走出国门，让世界各国人民共享中餐这一健康美食，是我们义不容辞的责任。本次大洋湾湿地美食文化博览会不仅展示了湿地美食的传统技艺，让众多游客领略到了湿地美食的独到之处，促进了盐城餐饮文化的互相借鉴和融合，我们更希望盐城餐饮界以湿地美食为平台，走出盐城，走向世界，展现中国五千年灿烂文化的无穷魅力，吸引更多的外国朋友关注中餐、关注中国传统文化。

相信这一天一定不会遥远！

（本文为笔者2019年9月30日在"2019中国·盐城大洋湾湿地美食文化研讨会"上的发言。）

——原载于2019年10月《中国餐饮》杂志

后记

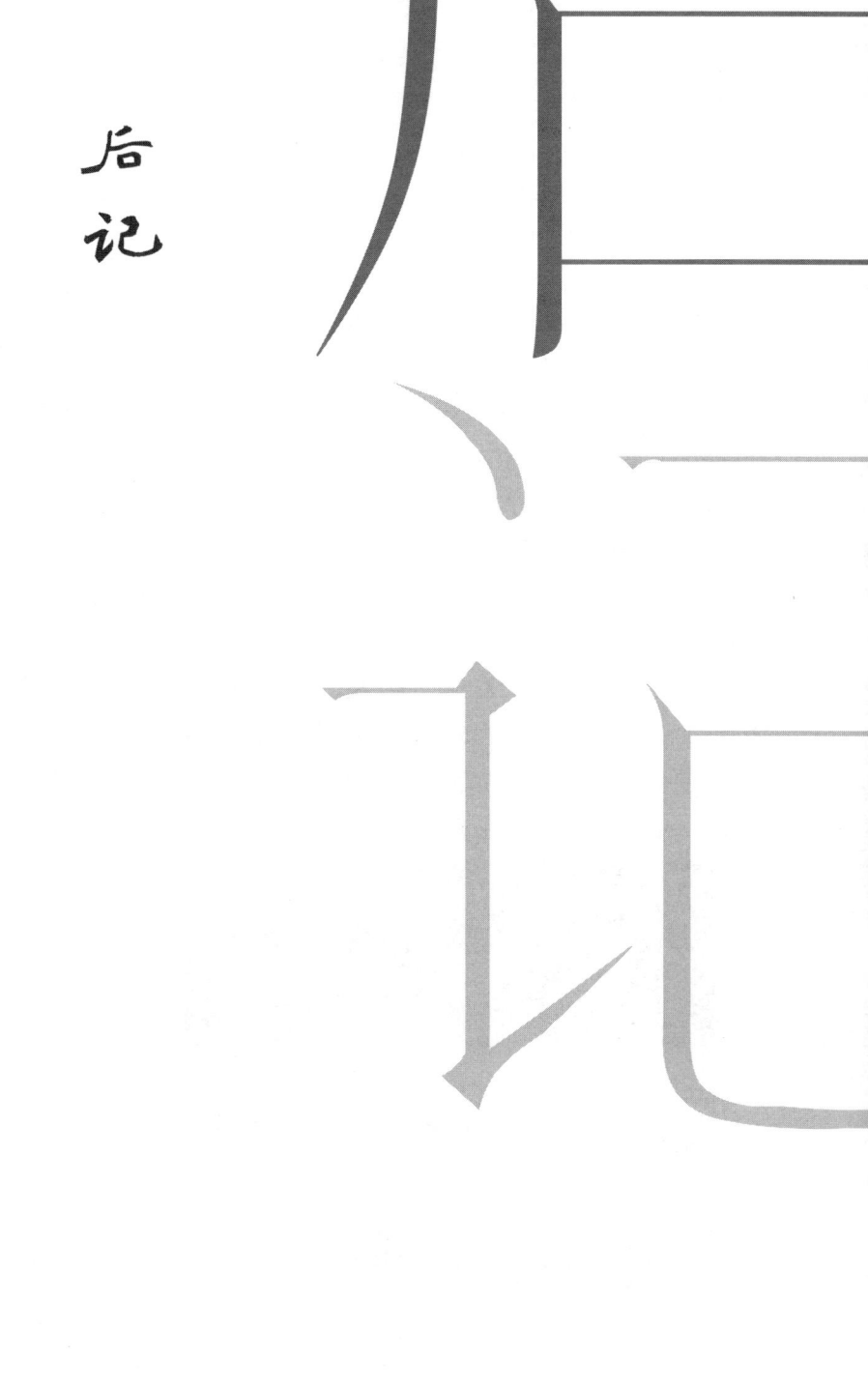

时光如白驹过隙,人生而短暂,又大都无趣,须时时自寻乐趣。我日常的乐趣便是寻味。

每到周末,我便会到超市、小市场搜罗各种时令蔬菜、新鲜鱼虾,然后在家细细琢磨,为全家人做上一桌好菜。每次出差,别人都是游览风景名胜,我是首选考察当地菜市场,寻访当地民间吃食。

这习惯,想必是遗传自我的父亲。

我父名李尚贤,母名吴廷珍,皆为宝山人氏(解放初宝山隶属江苏省松江专区,1958年才划归上海市管辖)。父亲青年时考入江苏南京地质学校,毕业后分配到江苏盐城,从此我们一家与苏北结下了不解之缘,成了上海人眼里的"江北人"。在20世纪六七十年代,由于父亲会做一手好菜,所以我的童年依然活得有滋有味,关于我父亲的做菜,我在《烧羊肉,父亲的拿手菜》一文中也有表述。

大丰南阳中学高二(5)班全体师生合影,第四排左5为笔者

后记

从小学一直到1978年高中毕业,我都是在盐城市大丰县(今盐城市大丰区)南阳镇度过的。1978年南阳中学的这一届学生,在南阳中学的校史上,可谓是前无古人,后无来者,独一无二。我经历了此校校史中多项第一:第一次全镇各村所有初中毕业生免考直升南阳高中;第一次实行全年级走"五七道路"半农半读(即半天上课,半天回家务农);第一次经历国家恢复高考,学校从1977年开始,开始认真抓教学质量了……

就这样,当时一群平均年龄只有十四五岁(因为当时的学制是小学五年,初中、高中皆二年),懵懵懂懂的少年,从南阳镇各小巷居民家庭和附近广袤的乡村,来到当时全县著名的南阳中学,开始了两年高中读书生涯。

1978年,16岁的我,作为应届高中毕业生和一群三四十岁的大哥哥、大姐姐一同参加高考,全校数百位考生,我以总分309分的成绩名列全校应届生前四,但按照当时盐城市320分的录取规定,我还是名落孙山,后因当地扩大招生,我被录取到江苏省淮安商业技工学校烹饪专业,当然,这也是我父亲的决定。

1978年年末的一天,作为一个懵懵懂懂的少年,我和其他四十多位同学一样,离开父母,离开家乡,从江苏全省各地来到苏北重镇淮安,来到江苏省淮安商业技工学校,当时的学校就位于周恩来总理的故居所在地——淮安县(今淮安市淮安区)驸马巷,开始了两年的商业技工学校烹饪专业生涯,系统学习淮扬菜。

那时候,同学中岁数大的三十岁左右,小的像我一样,只有十六七岁,岁数大的经历丰富一些,大都下过乡,插过队。记得我们班开学那天,学校特别重视,开学典礼很隆重,除了学校全体师生,省商业厅发来了贺电,地委行署、县委、县商业局都来了不少干部,那天我受学校委托，作为唯一的学生代表上台发言。

淮安商业技工学校开学典礼上笔者作为学生代表发言

我和大多数同学一样，自从挎着行李来到这所学校开始，从此便与餐饮行业结下了不解之缘。

虽然当时学校条件简陋，大家生活也格外艰苦，但老师们教得认真负责，同学们也学得刻苦发奋。

曾记得，在离周总理故居不远的驸马巷学生宿舍，每天早上后窗小巷里传来的清脆悦耳的叫喊声，将我们从梦中惊醒，新的一天从此开始。

曾记得，地处小巷，局促简陋的实验饭店，炮台灶、煤球炉、满屋的炉灰，从初加工到切配成熟都聚集在这里，川流不息的来客，五味杂陈的气息，实习老师教训我们的话语，至今思之，仍格外亲切。

在校真正的理论学习只有一年时间，学校就将我们分送到各地饭店实习，我分到了当时盐城市最大的国营饭店大众饭店实习，厨师长（当时叫班长）正是后来在餐饮界如雷贯耳的王荫曾大师，我的厨艺一大半就是从他那里学来的，在他的悉心指导下，我的案上、锅上的厨艺得到很大提升。

后记

短短两年的学生生涯很快过去,我们被分配到了江苏各地的宾馆、饭店、酒店、招待所,从此进入了餐饮这个行业。

1980年年末我们毕业,我回到盐城,被分配到盐城市大丰县(今盐城市大丰区)饮服公司大众饭店(现改名台北饭店),每天挥锹和炭,案上切菜,炮台灶上抡锅舞勺,一干就是四年。这四年,不仅使我学到了不少淮扬菜厨艺,也使我真正接触百姓生活,对人生也有了更深的感悟。

1984年,我又一次参加高考,顺利被江苏商业专科学校(现为扬州大学旅游烹饪学院)中国烹饪系录取,这一年,终于圆了我的大学梦。

1987年毕业前夕,江苏商业专科学校烹饪系(02)班同学在校门前合影

大学生涯浪漫而短暂,学生时代很快过去。毕业后,我被分配到当时的商业部商业经济研究所,在研究所主办的《中国烹饪》杂志任记者、编辑。这一干,就是十六年。

2002年年底,我受邀应聘到了中国烹饪协会,担任《餐饮世界》杂志的副主编。

自从20世纪80年代末踏入编辑、记者这一行,这一干就到了2022年退休。

在多年的记者、编辑业务工作中，我一直潜心探索中国饮食文化，撰写了不少关于饮食文化的随笔、散文、论文，受到了许多读者的关注。

2004年与中国烹饪协会全体工作人员合影

本书的顺利出版，得到了中国轻工业出版社的大力支持；得到了中国烹饪协会领导杨柳、佟琳、邓力、乔杰、吴颖等领导的热情鼓励；衷心感谢散文家卫建民先生为本书作序；感谢邓云乡先生、郑奇老师的题字；也感谢王涤寰、张新壮、刘毕林、王荫曾、刘正顺、谢伟、林勇、曹成章、冷崔等多年挚友的鼎力相助！感谢所有曾经教导过我的老师和前辈们！

谨以此书献给我的爱妻刘京华女士！

2024年腊八节草于北京